中国抗癌协会
CHINA ANTI-CANCER ASSOCIATION

肠道微生态技术

中国肿瘤整合诊治技术指南（CACA）

CACA TECHNICAL GUIDELINES FOR HOLISTIC INTEGRATIVE MANAGEMENT OF CANCER

2023

丛书主编：樊代明

主　　编：谭晓华　王　强　于　君

　　　　　张发明　郭　智　聂勇战

U0244799

天津出版传媒集团

天津科学技术出版社

图书在版编目(CIP)数据

肠道微生态技术 / 谭晓华等主编 . -- 天津：天津
科学技术出版社，2023.2
("中国肿瘤整合诊治技术指南(CACA)"丛书 /
樊代明主编)
ISBN 978-7-5742-0821-6

Ⅰ.①肠… Ⅱ.①谭… Ⅲ.①肠道微生物—关系—肿
瘤 Ⅳ.①Q939②R73

中国国家版本馆CIP数据核字(2023)第027183号

肠道微生态技术
CHANGDAO WEISHENGTAI JISHU
策划编辑：方　艳
责任编辑：张建锋
责任印制：兰　毅
出　　版：天津出版传媒集团
　　　　　天津科学技术出版社
地　　址：天津市西康路35号
邮　　编：300051
电　　话：(022)23332390
网　　址：www.tjkjcbs.com.cn
发　　行：新华书店经销
印　　刷：天津中图印刷科技有限公司

开本787×1092　1/32　印张4.625　字数70 000
2023年2月第1版第1次印刷
定价：45.00元

编委会

丛书主编

樊代明

主　编

谭晓华　王　强　于　君　张发明　郭　智　聂勇战

副主编

朱宝利　吴清明　任　军　黄自明　杨文燕　王　亮
梁　婧　吴　为　何兴祥　周永健　王　新　李景南
崔伯塔　梁　洁

编　委（以姓氏拼音为序）

安江宏　曹　清　陈　丰　陈　鹏　陈伟庆　邓朝晖
邓丽娟　邓启文　段虎斌　方沈应　方　莹　冯百岁
付　广　高　霞　郭凯文　郝　义　何明心　何素玉
贺　亮　胡伟国　胡运莲　黄筱钧　吉　勇　江高峰
蒋小猛　金　燕　李孟彬　李淑娈　李小安　李咏生
李志铭　梁　亮　刘晓柳　刘泽林　刘　哲　刘　智
陆　陟　吕沐翰　吕有勇　马秀敏　孟景晔　缪应雷
聂勇战　皮国良　祁小飞　乔明强　秦环龙　秦晓峰
瞿　嵘　任　骅　邵　亮　舒　榕　宋银宏　苏　文
苏先旭　孙　恺　孙志强　唐朝晖　唐菲菲　唐　敏
唐晓文　汪　波　汪韦宏　王福祥　王　华　王　钧

温　泉　吴　捷　吴　静　吴开春　吴明玮　吴　霞

夏忠军　向晓晨　肖　芳　谢茗旭　解　奇　徐　娜

许晓军　杨新洲　殷　茜　于　力　余　莉　詹钰荫

张　敏　张　翔　张筱茵　张幸鼎　张弋慧智　张

周　浩　周　辉　周玉平　朱艳丽　朱　玄　祝

左志贵

目录 Contents

第一章

肠道微生态技术概述

肠道微生态（intestinal microbiota，IM）也称肠道微生物组和肠道菌群，是人体最庞大、最重要的微生态系统，是激活和维持肠道生理功能的关键因素，越来越多的研究基于肠道微生物对人体各组织器官的影响，以及与各种疾病之间的关系，并逐渐向临床转化。较传统方法，利用粪菌移植、肠道微生态调节剂、基因工程细菌等微生态治疗策略在难治性梭形杆菌感染、炎症性肠病、移植物抗宿主病等治疗较传统方法有更好疗效。肠道微生物参与和影响肿瘤发生、进展、治疗反应及其毒性副作用。随着 IM 与肿瘤相关研究不断深入，在二代测序、生物信息学等方法和技术推动下，IM 研究开启了新篇章。IM 维持宿主免疫系统功能，在控瘤药物治疗中发挥关键作用。越来越多证据表明，控瘤药物疗效很大程度上取决于 IM 平衡，基于 IM 技术策略在肿瘤诊疗中显示出有希望的应用前景。

一、微生物组学实验技术

研究表明，人体多种疾病如消化道疾病、代谢综合征、心脑血管疾病、免疫相关疾病、精神疾病和肿瘤等都与肠道菌群失调密切相关。通过肠道菌群检测，能及时发现疾病相关菌群异常，配合有针对性干预和调理，是调节 IM，预防菌群相关疾病发生和缓解症状的有效途径。利用 16S rRNA 基因测序、鸟枪法元基因组等分析人类相关微生物组，为预测和发现人类疾病和健康状况的生物标志物提供了丰富的微生物数据资源。越来越多证据表明，微生物群-宿主相互作用的失调与多种疾病，如肿瘤的发生及预后有关，但个体间不同免疫应答机制尚不清楚。2013 年，Science 首次报道 IM 参与调控化疗药物疗效。2018 年，再次同时发表三篇有关肠道菌干预 PD-1 免疫检查点抑制剂治疗肿瘤疗效的临床研究：肠道梭菌（*Clostridiales*）增强抗 PD-1 抗体疗效，拟杆菌（*Bacteroidales*）抑制该疗效，嗜黏蛋白艾克曼菌（*Akkermansia muciniphila*）可增强抗 PD-1 抗体控瘤效应，揭示 IM 差异有可能是导致治疗成败的关键因素之一。人粪便中分离出的菌株可通过增强免疫检查点抑制剂的作用对结肠癌有控瘤作用。2020 年，Science 探讨了 IM 共生特异淋巴细胞促进控瘤免疫应答的具体机制。

二、肠道微生物组作用

研究表明，微生物群可能会调节肿瘤免疫治疗，双歧杆菌与控瘤作用相关，单独口服双歧杆菌对控瘤的改善程度与 PD-L1 特异性抗体治疗相同，联合应用几乎完全抑制肿瘤生长，树突状细胞功能增强导致CD8+T细胞在肿瘤微环境中启动和积累的效应增强。抗生素使用与免疫治疗阻断PD-1所致不良反应有关，治疗无反应的肺癌和肾癌患者嗜黏蛋白艾克曼菌（*Akkermansia muciniphila*）少，服用抗生素的荷瘤小鼠口服该菌，可恢复免疫疗法的反应。人类健康和疾病间的细微差别可由宿主与微生物间的相互作用所驱动。微生物组调节肿瘤的发生、发展和对治疗的反应。除了不同种类微生物具有调节化疗药物疗效的能力外，上皮屏障与微生态间的共生关系对局部和远处免疫有重大作用，从而显著影响肿瘤患者临床结局。使用抗生素可减弱免疫检查点抑制剂的控瘤作用，有些特定肠道微生物存在时，可使免疫治疗效果增强。

三、肠道微生物检测与临床应用

IM组成与临床反应间存在显著关联。有研究分析转移性黑色素瘤患者在免疫治疗前的粪便样本，治疗有应答者样本中包含更丰富的细菌种类如长双歧杆菌、产气柯林斯菌和粪肠球菌。用应答者粪便重建无菌小鼠可改善控瘤，增强T细胞反应，并提高抗PD-L1治疗效果。表明IM可能存在调控肿瘤患者的控瘤免疫治疗的机制，其对协同使用免疫检查点抑制剂治疗肿瘤具有重要意义。

四、肠道微生物群标志物检测

IM生物标志物在非侵入性肿瘤检测上有很大优势。例如散发性年轻结直肠癌（young colorectal cancer，yCRC）的发病率正在增加，IM及其对yCRC的诊断价值尚不明确，有研究通过16S rRNA基因测序收集大量样本来鉴定微生物标志物，并用独立队列验证结果。并通过对样本元基因组测序进行物种水平和功能分析，发现IM多样性在yCRC中增加，黄酮裂化菌（*Flavonifractor plautii*）是yCRC中重要菌种，而链球菌属（*Streptococcus*）是老年性结直肠癌的关键菌种。功能分析表明，yCRC具独特的细菌代谢特征。提示IM生物标志物可能成为一种很有前途的肿瘤非侵入性检测方法，如在准确检测和区分yCRC患者中具有潜力。

五、肠道微生物临床应用适应证

目前对肿瘤的诊断或治疗，IM鉴定检查未完全被临床接受，部分原因是IM复杂性及其在疾病发病中的作用尚未完全解读，建议IM分析的临床应用应包括艰难梭菌相关疾病的管理和治疗；伴IM失调的肿瘤放疗相关放射性肠炎可能需要行IM营养干预的患者；化疗后粒细胞缺乏发热暴露于广谱抗生素患者；近期胃肠道手术出现顽固性腹泻患者和拟行粪便移植或益生菌预防或治疗患者。IM在免疫稳态中的作用可能会影响异基因造血干细胞移植后免疫重建，是调整移植后免疫相关策略的重要监测指标。潜在适应证包括需要分析细菌多样性为患者疾病是传染性还是非传染性提供线索。微生物组的改变与肥胖、糖尿病和炎症性肠病等癌前疾病相关性研究分析或可成为治疗这些癌病的重要参考。

第二章

肠道微生物组检测技术

一、检测方法

目前 IM 检测方法主要有 16S rRNA 测序、元基因组测序和基于纳米孔测序的全长基因测序。16S rRNA 测序相对简便，成本较低，元基因组测序涵盖范围更全面，能鉴定微生物到菌株水平。由于成本关系，16S rRNA 测序在 IM 检测中应用更广泛。编码原核生物核糖体小亚基 16S rRNA 相对应的 DNA 序列，存在于所有原核生物基因组中，含量大约占基因组 DNA 的 80%，分子大小约 1540 bp。16S rRNA 包含 10 个保守区域（constant region）和 9 个高变区域（hypervariable region），保守序列区域反映生物物种间的亲缘关系，高变序列区域则能体现物种间差异。此特点使 16S rRNA 成为微生物菌种鉴定的标准识别序列。随着 NGS 技术快速发展，越来越多微生物 16S rRNA 序列被测定并收入国际基因数据库中，16S rRNA 基因成为系统进化分类学研究中最常用分子标记，广泛用于微生物生态学研究。通过提取样品中 DNA，特异性扩增某个或两个连续高变区，采用高通量测序平台对高变区序列测序，然后通过生物信息学行序列分析和物种注释，可了解样品群落组成；进一步通过 alpha 多样性和 beta 多样性分析以进一步比较样品间差异性。基于纳米孔技术的16S测序,可设计引物覆盖整个16S基因,甚至整个核糖体操纵子。纳米孔测序在准确分辨更多物种方面优于传统测序平台。

元基因组测序指对环境样品中微生物群落的基因组进行高通量测序,除细菌外,还可覆盖真菌、病毒和寄生虫等。元基因组在分析微生物多样性、种群结构和进化关系基础上,进一步探究IM功能活性、菌间协作关系及与环境间的关系,发掘潜在生物学意义。与传统微生物研究方法相比,元基因组测序摆脱了微生物分离纯培养的限制,克服了未知微生物无法检测的缺点,扩展了微生物检测与利用空间,因此近年在微生物组学研究中得到广泛应用。建议在特定患者如艰难梭菌感染、化疗后粒细胞缺乏应用广谱抗生素后腹泻患者及拟行粪便移植或益生菌预防或治疗患者,推荐选择更深入的微生物检测,其中16S rRNA测序相对简便,结合保守区和高变区设计引物,成本较低。部分带有分类信息的区域在被分析的扩增子之外,该法在鉴定分辨能力上会有所降低。元基因组测序在菌种水平和菌株水平鉴定更有优势,涵盖范围更全面,除细菌外,还可鉴定真菌、病毒和寄生虫等,可鉴定无法培养及未知的微生物。元基因组测序成本相对较高。基于纳米孔技术开发的16S rRNA测序和元基因组测序，长读长在区分近缘物种，解析重复区域和结构变异方面有优势。但纳米孔测序错误率相对会高，随着技术不断进步希望得到改善。

二、实验流程

IM检测流程较为复杂，涉及标本采集和管理、核酸提取、文库制备、上机测序、数据分析和质控等多个过程，检测结果受多方面因素影响。标本采集建议在粪便内部位置多点取样，既可避免污染，又能更真实反映肠道内部的微生物情况；为保证肠道菌群稳定性，建议取样后立即加入肠菌保藏液，保藏液可迅速裂解肠道菌群以达固定作用，避免肠菌体外增殖会大大改变肠道菌群原始状态，保藏液一般可帮助肠菌在常温下一周内保持稳定。（见图1）

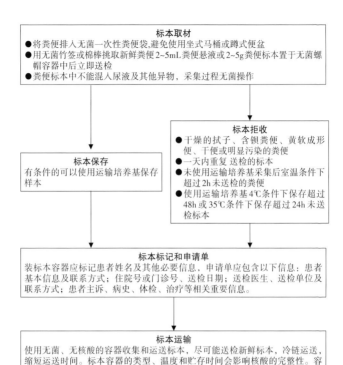

标本取材
- 将粪便排入无菌一次性粪便袋，避免使用坐式马桶或蹲式便盆
- 用无菌竹签或棉棒挑取新鲜粪便2~5mL粪便悬液或2~5g粪便标本置于无菌螺帽容器中后立即送检
- 粪便标本中不能混入尿液及其他异物，采集过程无菌操作

标本拒收
- 干燥的拭子、含钡粪便、黄软成形便、干便或明显污染的粪便
- 一天内重复送检的标本
- 未使用运输培养基采后室温条件下超过2h未送检的粪便
- 使用运输培养基4℃条件下保存超过48h或35℃条件下保存超过24h未送检标本

标本保存
有条件的可以使用运输培养基保存样本

标本标记和申请单
装标本容器应标记患者姓名及其他必要信息，申请单应包含以下信息：患者基本信息及联系方式；住院号或门诊号、送检日期；送检医生、送检单位及联系方式；患者主诉、病史、体检、治疗等相关重要信息。

标本运输
使用无菌、无核酸的容器收集和运送标本，尽可能送检新鲜标本，冷链运送，缩短运送时间。标本容器的类型、温度和贮存时间会影响核酸的完整性。容器中若存在微生物DNA，会导致肠道微生物检测假阳性和背景污染物的引入。

图1　标本采集流程图

（一）核酸提取

应使用经过性能确认的核酸提取试剂，推荐使用商品化的DNA抽提试剂盒，建立完整核酸检测流程，确保提取方法可重复性和提取效率。DNA降解程度和各种杂质污染均会对检测灵敏度造成影响，通过测定核酸浓度、纯度和完整性，制定合格样本标准。操作过程严格遵守无菌操作要求，污染防控对标本检测结果的质控至关重要。每批实验需包括内参照、阴性对照品和阳性对照品。DNA合格样本参考：DNA A260/A280在1.7~1.9之间，A260/A230大于2，DNA质量可用1%琼脂糖凝胶电泳验证（无拖尾、无杂带、无蛋白污染）。DNA完整性可用分析仪等检测，如大部分片段低于200 nt，说明DNA降解严重，需重提DNA。

（二）文库制备

文库制备流程包括核酸片段化、末端修复、标签接头连接和PCR文库等。文库制备对核酸样本有严格要求，每次提取核酸样本需定量检测，起始核酸量定量大于等于0.1 ng/μL，确保核酸满足实验要求。若不满足重新提取核酸或再次送检样本。目前常用建库方法有酶切建库、超声波打断建库及转座酶建库等。推荐使用经性能确认的建库试剂或商品化建库试剂盒。文库质量直接影响测序数据质量，文库DNA质量合格参考：A260/A280在1.75~2.00之间，文库浓度大于等于1 ng/μL，若不满足需重新构建文库。此外，还应使用Agilent 2100或其他生物分析仪器检测文库片段大小及峰型，合格文库插入片段长度大于100 bp，文库应有明显主峰、无杂峰、无引物二聚体、无接头。若不满足重新构建文库或重新提取，如还不合格需重新送检样本。文库定量目前常用Qubit荧光计、实时荧光定量PCR等。推荐使用实时荧光定量PCR方法，可使用NGS定量PCR检测试剂盒。

（三）上机测序

目前国内实验室常用NGS测序平台有Illumina、Thermo Fisher和MGI等，各平台有不同型号设备配置。测序前需根据测序平台确定相应数据参数，并据测序片段长度、检测标本数量、标本质量和最低测序深度等选用合适芯片，以保证测序结果数据质量合格。推荐使用商品化的上机试剂盒。检测过程中，分别根据所用芯片容量、构建文库片段大小等指标判断所得读长总数、测序平均读长等数据是否合理。不同测序平台的参数要求会有差异。

16S rRNA测序常用PCR技术对16S rRNA的V2，V3，V4，V6，V7，V8，V9高变区行扩增，扩增产物行定量，经末端修复后加特异性接头行扩增，完成测序文库构建。检查肠道菌群16S测序质控是否合格：片段长度在200bp、250bp、300bp左右处有3个峰。元基因组测序是通过对微生物基因组随机打断，然后在片段两端加入接头进行扩增，文库片段主峰在 300~500 bp 之间，上机测序后通过组装的方式将小片段拼接成较长的序列。

三、生物信息学分析

生物信息学分析人员需熟练掌握 NGS 检测原理及生物信息软件操作，具备数据信息维护和管理、开发新算法及更新数据库能力。生信分析主要是对测序产生原始数据进行处理和分析，包括数据质控、微生物物种检测等过程。目前 IM 检测尚无统一标准化数据分析程序及软件，可选择具有商业化自动分析系统，实验室也可选择与国际同步的算法和软件，搭建实验室个性化分析流程。微生物检测数据库包含细菌、真菌、病毒和寄生虫基因组序列信息，其中支原体、衣原体、螺旋体和立克次体视情况可独立也可并入细菌类别中。公共数据库需经验证方可使用。构建微生物数据库应优先选择全长参考基因组及测序质量高、样本来源、临床信息完整序列。流程中所用各种试剂也可能存在微生物个体或核酸，应建立试剂背景微生物序列数据库，在报告中予以去除。

（一）OUT分析

测序获得的原始PE reads存在一定比例的测序错误，因此在分析前需对原始数据进行剪切过滤，滤除低质量reads，获得有效数据Clean reads；通过PE reads间的Overlap关系将Reads拼接成Tags，进一步过滤获取目标片段（clean reads）；在给定相似度下将Tags聚类成OTU（operational taxonomic units），然后进OTU物种注释，从而得到每个样品的群落组成信息。针对OTU聚类分析有不少升级方法，UCHIME嵌合体检测算法整合了UPARSE算法和UCHIME算法，相较于此前聚类方法有巨大进步。生成OTU除聚类方法，还有降噪方法，对16s等扩增子测序结果的认可逐渐从UPARSE算法转向DADA2算法，采用DADA2算法进行聚类获得ASV表格，针对ASV表格可以展开丰富的分析流程。

不同样本对应的Reads数量差距较大，为避免因样本测序数据大小不同造成分析偏差，在样品达到足够测序深度情况下，对每个样品进行随机抽平处理。根据样品共有OTU以及OTU所代表物种，可找到Core microbiome（覆盖度100%样品的微生物组）。

（二）物种累积曲线

物种累积曲线（species accumulation curves）用于描述随着抽样量加大物种增加的状况，是调查物种组成和预测物种丰度的有效工具。在生物多样性和群落调查中被广泛用于判断抽样量是否充分以及评估物种丰富度（species richness）。

（三）物种丰度分析

物种丰度分析是根据物种注释结果，在不同等级对各样品做物种 Profiling 相应的柱状图，可以直观查看各样品在不同分类等级上相对丰度较高的物种及其比例。

（四）Heatmap 聚类分析

Heatmap 是一种以颜色梯度表示数据矩阵中数值大小，并根据物种丰度或样品相似性进行聚类的图形展示方式。聚类加上样品的处理或取样环境等分组信息，可直观相同处理或相似环境样品的聚类情况，并直接反应样品群落组成的相似性和差异性。此项分析内容可分别在不同分类水平进行 Heatmap 聚类分析。

（五）Alpha 多样性

Alpha 多样性（alpha diversity）是对单个样品中物种多样性和物种丰度（richness）的分析，包括

Observed_species 指数、Chao1 指数、Shannon 指数和 Simpson 指数。使用相关软件计算样品的 Alpha 多样性指数值，并作出相应稀释曲线。稀释曲线是利用已测得 16S rRNA 序列中已知各种 OTUs 相对比例，来计算抽取 n 个（n 小于测得的 Reads 序列总数）Reads 时各 Alpha 多样性指数期望值，然后根据一组 n 值（一般为一组小于总序列数的等差数列）与其相应 Alpha 多样性指数的期望值作出曲线，并作出 Alpha 多样性指数的统计表格。Observe_species 指数表示实际观察到的 OTU 数量；Goods_coverage 指数表示测序深度；Chao1 指数用来衡量物种丰度即物种数量多少；Shannon 和 Simpson 指数用来估算微生物群落多样性，Shannon 值越大，多样性越高。

Alpha 多样性指数组间差异分析，分别对 Alpha diversity 各个指数进行秩和检验分析（若两组样品比较则使用 R 中的 wilcox.test 函数，若两组以上的样品比较则使用 R 中的 kruskal.test 函数），通过秩和检验筛选不同条件下差异显著的 Alpha 多样性指数。

（六）Beta 多样性

Beta 多样性（beta diversity）是对样品间生物多样性

比较，是对不同样品间微生物群落构成进行比较。同样，需要在各个样品序列数目一致前提下，进行样品间多样性比较。样本间物种丰度分布差异程度可通过统计学中的距离进行量化分析，使用统计算法计算两两样本间距离，获得距离矩阵，可用于后续 Beta 多样性分析和可视化统计分析。根据样本 OTU 丰度信息计算 Bray Curtis，Weighted Unifrac 和 Unweighted Unifrac 距离，来评估不同样品间微生物群落构成差异。

（七）ANOSIM 相似性分析

ANOSIM 相似性分析是一种非参数检验，用来检验组间（两组或多组）的差异是否显著大于组内差异，从而判断分组是否有意义。

（八）主坐标分析

为进一步展示样品间物种多样性差异，使用主坐标分析（principal coordinates analysis，PCoA）法展示各样品间差异大小。PCoA 对样品间物种多样性分析结果，如两样品距离较近，则表示两样品物种组成较相近。

（九）非度量多维尺度分析

除用 PCoA 进一步展示样品间 Beta 多样性差异，还可用非度量多维尺度分析（nometric multidimensional scaling，NMDS）法展示各样品间差异大小。NMDS对样品间Beta多样性的分析结果距离较近，则表示这两个样品物种组成较相近。

（十）LEfSe分析

LEfSe分析（linear discriminant analysis effect size），LEfSe采用线性判别分析（LDA）估算每个组分（物种）丰度对差异效果影响的大小，找到对样品划分有显著性差异影响的组分物种。LEfSe分析强调统计意义和生物相关性。

四、实验技术质控

实验室需建立和完善质量控制体系，针对分析前、中、后各环节以及"人、机、料、法、环"制定相应程序文件、SOP、室内质控要求、记录表格和报告质控。试剂盒及全流程中试剂的选择，需要考虑工程菌和环境污染微生物的残留核酸，评估这些因素对检测所造成的影响。每批次实验中都应包括内参照、阴性和阳性对照品，以评估每批次样本中是否存在操作或环境带来的污染以及检测流程是否存在异常。质控品出现失控，需分析失控原因并采取相应纠正措施和预防措施。如在检测中发现试剂污染或检测步骤存在问题，需重复检测。实验室应定期参加IM检测实验室间质量评价或能力验证，发现结果不符合，需查找原因并改进。

五、肠道微生物组检测报告单内容

IM检测报告应包括测序总序列数、覆盖度、测序深度、检测方法及检测技术说明。根据需要，展示重要微生物在门、属、种等水平上的丰度数值，参考数值需根据相应数据库及时更新。功能核心菌应附上解释说明，如检出食源性致病菌和其他致病微生物需提示。NGS相对普通PCR而言通量更高，其结果表示临床标本中检出或未检出相应微生物的核酸片段，明确该物种与感染关系还需结合其他检查结果及临床表现整合判断。检测到意义未明的微生态变异，表明检测到了目前还难以明确临床意义的变异，需结合临床判断。随着科学技术进步，当前无法明确的微生态变异将来有可能会明确。检测到正常的微生态，表明可确认本人的人体微生态状况跟数据库中正常人群微生态相比未发现异常。不同地区，不同年龄，饮食差异、药物服用和并发症等都会影响IM检出水平，需结合相应参考信息报告。

（一）总览指标

IM总览指标应包含检测者和对应年龄段健康人的水

平对比图、IM紊乱整体风险、多样性、功能核心菌群、肠型类型、食源性致病菌及其他致病菌评估、有益菌评估、中性菌评估、产丁酸菌评估等。

(二)菌群多样性

基于健康群体菌群多样性数据用于评估测试者菌群的 Alpha 多样性，在环境和生活方式相似情况下，IM 多样性指数较高，提示肠道中微生物的种类较为丰富，各菌种的含量丰度较为均一没有出现单一菌种占据绝大部分的情况，肠道菌群比较健康。反之，如 IM 多样性指数偏低，由于部分菌群缺失，此部分菌群负责的代谢途径有可能也缺失，从而导致代谢异常。低的多样性指数会增加罹患肠病的风险，包括肠道菌群失调、腹泻、炎症性肠病、肥胖、糖尿病前期、结直肠癌等。因此，生活中应注意饮食多样化，同时应减少抗生素使用。建议多摄入膳食纤维含量高食物，必要时补充益生菌、益生元或采取粪菌移植（fecal microbiota transplantation，FMT）等微生态干预方法，以改善肠道菌群多样性。

健康成年人肠道中存在共有的核心菌群，其中包括拟杆菌属、劳特氏菌属、粪球菌属、梭菌属、粪杆菌属、罗斯氏菌属、考拉杆菌属和瘤胃球菌属等8个菌属。

功能核心菌群参与能量代谢,在人体肠道内发酵产生短链脂肪酸,具维持人体健康多重作用。肠型是由不同种类的细菌由于偏好的群落聚集而形成,是个体特征的缩影,反映个人长期饮食习惯,与种族、地域、年龄和性别无关。部分食源性致病菌如空肠弯曲杆菌(*Campylobacter jejuni*)、肉毒梭状芽孢杆菌(*Clostridium botulinum*)、产气荚膜梭状芽孢杆菌(*Clostridium perfringens*)等。其他常见非食源性致病菌如幽门螺杆菌(*Helicobacter pylori*)、假单胞菌(*Pseudomonas*)、不动杆菌(*Acinetobacter*)等。有益菌如双歧杆菌属、乳杆菌属、片球菌属等。

中性菌也被称为条件致病菌,广泛存在于人体肠道,由于人体免疫机制的存在,一般情况下不会出现致病风险,但一旦人体菌群失衡,某些中性菌会成为条件致病菌,如纤毛菌属(*Leptotrichia*)、短杆菌属(*Brevundimonas*)、梭状芽孢杆菌属(*Cloacibacillus*)等可能与菌血症有关,术前如超标,需及时干预,降低手术风险。霍尔德曼氏菌属(*Holdemania*)会分解肠道黏液,增加肠道疼痛概率,常是一类致病菌;理研菌科(*Rikenellaceae*)幽门螺杆菌感染后会引起该菌属增加;*Scardovia*

在慢性肾病肠道中显著增加；芽殖菌属（*Gemmiger*）、副拟杆菌属（*Parabacteroides*）、帕拉普氏菌属（*Paraprevotella*）在肝癌肠道中显著增加等。

（三）疾病相关风险

大量文献表明肠道菌群变化与多种慢性病发生发展程度有关，肠道菌群可作为预测疾病治疗疗效相关生物标志物，根据大阵列临床样本差异标志物建立相关模型预测相关疾病风险及相关疗效评估具有一定可行性。在建立模型及验证模型可靠性时需考虑区域差异、年龄差异，对相关健康人基线设立，建议1000个以上的健康中国人数据作为正常参考范围，且包含3个以上中国代表性区域人群。IM相关疾病包括：婴儿（出生～1岁）：肠绞痛、自闭症、哮喘；幼儿（1～4岁）：自闭症、哮喘、过敏性皮炎；儿童（5～11岁）：消化道类疾病、神经类疾病（自闭症）、过敏性皮炎；少年（12～18岁）：消化道类疾病、神经类疾病（自闭症）、过敏性皮炎；青年（19～35岁）：消化道类疾病、神经类疾病（自闭症、抑郁症）、非酒精性脂肪肝、痛风、多发性硬化症；中年（36～59岁）：消化道类疾病、神经类疾病（自闭症、抑郁症）、癌症（肺癌、胃癌、肝癌、胰腺癌）、非酒精性脂肪肝、痛风、多发性硬化症；老年（60岁以上）：消化道类疾病、神经类疾病（阿尔茨海默、帕金森、脑卒中）、癌症（肺癌、胃癌、肝癌、胰腺癌）、非酒精性脂肪肝、痛风、多发性硬化症；孕妇（18~45岁）：妊娠期糖尿病、先兆子痫、产后抑郁、肝内胆汁淤积症；注：消化道疾病有（溃疡性结肠炎、便秘、肠应激综合征、结直肠癌）。

（四）饮食、生活习惯及营养代谢能力分析

人体IM含量最多的两个门为厚壁菌门（Firmicutes，F）和拟杆菌门（Bacteroides，B），两者占整体90%左右。厚壁菌门/拟杆菌门（F/B）可大致反映IM平衡状态，间接推断宿主食物类型和代谢类型。与宿主食物类型密切相关，高脂，高糖，高蛋白饮食通常F/B比例也高，高纤维食物则会使F/B比例降低。同时，有文献报道：F/B与高血压、肥胖等多种疾病正相关。高脂高糖西式饮食可增加肠道厚壁菌门数量，同时减少拟杆菌门数量，F/B比值偏高会致肥胖风险。IM深度参与肠道内营养物质代谢包括碳水化合物代谢、脂质代谢、氨基酸代谢、维生素合成等。通过评估肠道菌群营养代谢能力，可指导受检者根据自身代谢情况调整饮食习惯，改变生活方式，达到改善健康的目标。

（五）肠龄预测

微生物组是一个精确"生物钟"，能在几年内预测大多数人的年龄。这个"微生物组衰老时钟"可以用作基线，以测试个人的肠道衰老速度，以及酒精、抗生素、益生菌或饮食等物质是否对长寿有任何影响。也可用来比较健康人与患有某些疾病的人，如阿尔茨海默氏症，看他们的 IM 是否偏离了常态。还可帮助更好地了解某些干预措施（包括药物和其他疗法）是否对衰老过程有任何影响。世界各地 IM 存在巨大差异，可用中国人不同年龄段健康人群 IM 数据更准确了解中国个人的真实生物年龄和健康状态以及神经发育状态。

第三章

肿瘤治疗相关肠微生态损伤

IM可在防御感染中发挥作用，化疗会造成机体微生物组的破坏，增加微生物侵入性感染风险，恢复IM组成是降低该风险的潜在策略。IM可致定植抗性，通过共生细菌产生的细菌素/抗菌肽（AMP）及其他蛋白质对细菌细胞壁的攻击等途径杀死致病菌和其他竞争微生物。还有一种直接途径如人体定植的大肠杆菌与致病性大肠杆菌O157竞争脯氨酸，展示共生细菌与病原体竞争资源和生态位，从而提高人体抵抗致病菌能力。IM改变在肿瘤治疗中的影响越来越受到重视。胃肠道反应是实体瘤及血液肿瘤患者化疗后的常见临床表现，增加患者治疗风险，影响疗效及预后。化疗后消化道症状从恶心、呕吐、厌食到严重口腔及肠道黏膜炎、腹痛、腹泻、便秘，常与化学药物剂量及毒性密切相关；患者高龄、免疫功能低下、中性粒细胞减少及骨髓抑制，尤其合并特殊致病微生物感染（如艰难梭菌感染、多耐大肠埃希氏菌、耐碳青霉烯类菌、诺如病毒等）的复杂临床情况下，开展消化道IM检测、指标监测及对抗生素应用的影响尤其重要。

针对化疗后口腔及胃肠道症状、消化系统并发症的主要治疗策略做出不同强度推荐，涵盖大多数非感染性和感染性并发症的治疗以及相应的护理措施，也结合现IM检测、中医药、粪菌移植的应用等，为进一步认识IM对肿瘤治疗影响的关键或热点问题，学习和吸取新的研究进展，为肿瘤与微生态领域的深入研究提供依据。

一、肿瘤化疗对肠微生态的损伤

（一）化疗所致肠微生态损伤相关的恶心呕吐及厌食

化疗所致恶心呕吐（chemotherapy-induced nausea and vomiting，CINV）是治疗中的主要不良反应。预先判断化疗药物的特定致呕吐性对患者整体治疗具重要意义。化疗药物方案使用前需多学科整合诊治MDT to HIM讨论决定，详细阅读化疗药物说明书，参阅文献制定完整的个体化化疗方案和预防方案并定期根据疗效更新。

（二）化疗所致肠微生态损伤相关的口腔及胃肠黏膜炎

接受常规剂量化疗患者，约40%会出现口腔黏膜炎。造血干细胞移植者，接受预处理患者黏膜炎发生率可达80%~95%。多种因素包括化疗药物、剂量、给药途径、频率及患者耐受性均可能与黏膜炎相关，如有继发性或定植微生物感染性黏膜炎时间可能延长。黏膜炎发生的病理机制包含一系列阶段：启动-放化疗通过直接作用损伤DNA，促炎症细胞因子的产生；上调-启动阶段的损伤激活了NF-κB途径；反馈环路放大信号传导。此三阶段发生于临床上显著的黏膜炎出现之前，随后是溃疡和炎症及愈合，时间为10~14d。

（三）化疗所致肠微生态损伤相关的持续性腹泻

化疗相关性腹泻（chemotherapy-related diarrhea，CRD）是肿瘤患者治疗后常见症状，可严重影响日常活动能力。重度CRD常需住院治疗，甚至由于脱水和感染而危及生命。腹泻最常见于使用化疗药物（如氟尿嘧啶和卡培他滨）、某些分子靶向药（如索拉非尼、舒尼替尼）以及免疫检查点抑制剂（如伊匹木单抗、纳武利尤单抗和帕博利珠单抗）。

应针对CRD并发症和病因。若存在重度（3级或4级）腹泻，持续性轻至中度（1级或2级）腹泻，或腹泻伴中性粒细胞减少、发热或大便带血，需血液和大便培养、艰难梭菌产毒菌株检查。血性腹泻需粪便培养及检测肠出血型大肠埃希菌、志贺毒素。对有发热、腹膜刺激征或血性腹泻者，应做腹部和盆腔CT扫描，并请外科医生会诊。绝大多数患者不需内镜检查，对难治性患者和慢性腹泻（即整个化疗周期持续存在腹泻）或血性腹泻患者应考虑内镜检查。化疗期间腹泻需鉴别其他病因，包括脂肪或胆汁酸吸收不良、乳糖不耐受、小肠细菌过度生长（SIBO）及感染性原因。

预防初始非药物措施包括避免可能加重腹泻的食物；摄入半流质膳食及口服补液，避免含乳糖的食物，停用导致腹泻的药物如大便软化剂、泻药，推荐CRD的初始治疗为洛哌丁胺，轻至中度无并发症的CRD，建议初始剂量为4 mg，之后每4 h 2 mg。重度（3或4级）腹泻患者，包括合并中至重度腹绞痛、2级或更严重的恶心/呕吐、体能状态下降、发热、脓毒症、中性粒细胞减少、明确出血或脱水的轻至中度腹泻患者，或者洛哌丁胺治疗24 h后仍轻至中度无并发症腹泻患者，建议使用大剂量洛哌丁胺（最初4 mg，之后每2 h 2 mg）。洛哌丁胺治疗无效的CRD患者，推荐使用奥曲肽，初治剂量为一次100 μg或150 μg，一日3次，皮下注射。

CRD患者口服抗生素的作用尚未达成共识。对有发热、中性粒细胞减少、低血压、腹膜刺激征或血性腹泻的患者，应给予静脉用抗生素。洛哌丁胺和大剂量奥曲肽治疗后腹泻仍未停止，建议行上消化道内镜或胶囊胃镜检查。日本用小肠胶囊内镜检查（SBCE）观察整个小肠黏膜包括出血、恶性肿瘤和黏膜损伤的检测。并行病理组织活检以评估是否存在巨细胞病毒（CMV）或艰难梭菌感染。

重度CRD患者在无腹泻48小时且无须使用止泻药48小时后，才能恢复相同化疗方案。所有在先前治疗周期中出现2级或更重腹泻者，应减少化疗剂量。鉴于肠道腹泻与IM对肿瘤化疗过程的影响，建议开展化疗及造血干细胞移植前、后检测IM变化。

二、化疗合并特殊并发症对肠道微生态的损伤

（一）中性粒细胞减少性发热

化疗造成骨髓抑制和胃肠黏膜损伤，进而导致侵袭性感染发生增加，原因为定植细菌和/或真菌移位穿过肠黏膜表面。中性粒细胞减少患者，中性粒细胞介导的炎症反应可不明显，发热可是最早甚至是唯一出现的感染体征。必须及早识别中性粒细胞减少性发热并及时开始经验性全身性抗微生物药治疗，以避免脓毒综合征及死亡。中性粒细胞减少的定义为中性粒细胞绝对计数（absolute neutrophil count，ANC）小于1500/μL，重度中性粒细胞减少定义为ANC小于500/μL或预计ANC会在接下来48小时内降至500/μL以下，极重度中性粒细胞减少定义为ANC小于100/μL。ANC小于500/μL会增加有

临床意义感染风险，且中性粒细胞减少持续时间延长（>7日）患者风险更高。ANC小于100/μL会增加菌血症性感染风险。

高强度细胞毒性化疗可引起严重且有时持久的中性粒细胞减少，可能导致需住院治疗发热或引起可能致命性感染。感染风险较高者，预防性使用抗菌、抗病毒和抗真菌药物减少感染性并发症。化疗药物方案使用前需MDT to HIM团队讨论是否可能导致粒细胞缺乏做出预判。

中性粒细胞减少性发热评估对降低严重并发症风险尤为重要，该评估将决定治疗方案，包括粒细胞缺乏持续时间及严重程度、静脉给予抗生素及延长住院时间。高危中性粒细胞减少指：ANC小于500/μL且预计持续粒细胞缺乏大于7日或有共病证据的患者。严重中性粒细胞减少最常发生在造血干细胞移植和急性白血病初次诱导化疗和大剂量化疗巩固的患者。

粒细胞缺乏初始经验性治疗高危中性粒细胞减少患者的发热为医疗急症。需立即开始经验性广谱抗菌治疗，推荐使用杀菌性抗生素。同时抽取血培养和可疑部位分泌物标本，初始抗生素选择依据为患者病史、既往病史、过敏史、症状、体征、近期抗生素使用情况和培养药敏结果以及院内感染。对疑似中心静脉导管（CVC）、皮肤或软组织感染或血流动力学不稳的患者，应扩大抗菌谱覆盖很可能的病原体（如耐药性革兰阴性菌、革兰阳性菌、厌氧菌以及真菌）。

持续发热的经验性治疗：仅有持续性发热无须调整初始抗生素，对有耐药微生物感染风险、临床及血流动力学不稳定和血培养阳性提示耐药菌感染的患者，应调整初始治疗方案。经广谱抗细菌药物治疗4~7日后仍持续发热，且感染源不明，推荐经验性添加抗真菌药物。

拔除CVC及PICC导管由金黄色葡萄球菌、铜绿假单胞菌、假丝酵母菌或快速生长非结核分枝杆菌引起导管相关血流感染的患者。

中性粒细胞减少性膳食：鉴于胃肠道黏膜损伤容易发生严重肠道细菌感染，虽然缺乏评估这种中性粒细胞减少性膳食方法的系统性临床数据。仍建议预计严重中性粒细胞减少患者进食充分煮熟、易消化食物，直至中性粒细胞恢复。

高危中性粒细胞减少及之前合并肠道感染、革兰阴性菌血行播散性感染患者建议再次化疗前、后行IM检测及监测。

（二）中性粒细胞减少性小肠结肠炎

中性粒细胞减少性小肠结肠炎是一种致命性坏死性小肠结肠炎，主要发生于中性粒细胞减少患者。该病可能的发病机制，包括细胞毒性药物黏膜损伤、严重中性粒细胞减少，以及机体对微生物入侵的防御能力受损。微生物感染可导致肠壁多层坏死。盲肠通常受累，且病变常延伸至升结肠和末端回肠。重度中性粒细胞减少患者伴发热和腹痛，腹痛位置通常在右下腹，须考虑中性粒细胞减少性小肠结肠炎。症状常在接受细胞毒化疗后第3周出现，此时中性粒细胞减少最严重且患者发热。常根据特征性CT表现诊断中性粒细胞减少性小肠结肠炎。（防治详见本指南《胃肠道保护》分册相关章节）

（三）化疗合并艰难梭菌感染

艰难梭菌是一种厌氧产芽孢细菌，广泛分布于土壤、水、动物和健康人的肠道中。艰难梭菌感染（Clostridioides difficile infection，CDI）的症状范围从相对轻微的腹泻到严重的危及生命的伪膜性结肠炎、中毒性巨结肠和败血症。病因常与先前使用抗生素有关，年龄、肿瘤化疗治疗和免疫抑制也是风险因素。（防治详见本

指南《胃肠道保护》分册相关章节）

（四）化疗合并耐碳青霉烯酶大肠埃希菌或肺炎克雷伯杆菌感染

在革兰阴性病原体院内感染中，水解碳青霉烯的β-内酰胺酶是引起抗菌药物耐药性的一种重要机制。大肠埃希菌或肺炎克雷伯杆菌对任何碳青霉烯类药物明显耐药，则应怀疑是否携带碳青霉烯酶。使用广谱头孢菌素类和/或碳青霉烯类是发生产碳青霉烯酶微生物定植或感染的重要危险因素。产碳青霉烯酶肠杆菌科细菌（CRE）感染的发病率正在增加，控制CRE传播和改善患者预后需要及时可靠的检测方法及有效的抗生素治疗。针对CRE特定感染的识别、预防和管理，需要所有临床相关医生了解CRE患者的相关风险因素、预防和管理策略CRE预防管理需要感染控制实践和设施。指南需要针对实验室人员、临床工作人员和患者和家属提供更标准化的CRE预防和管理教育材料。且医护人员必须接受持续的感染预防特定教育，包括专门的培训材料和培训时间。（防治详见本指南《胃肠道保护》分册相关章节）

三、造血干细胞移植相关肠微生态损伤

健康个体肠道菌群具多样性，包括厚壁菌门、拟杆菌门、变形菌门、放线菌门、疣微菌门和梭杆菌门等 IM 平衡。造血干细胞移植（hematopoietic stem cell transplantation，HSCT）尤其异基因造血干细胞移植（allogeneic hematopoietic stem cell transplantation，allo-HSCT）过程中，由于预防和治疗性抗生素、肠道炎症和饮食变化，IM 多样性显著降低，可引起疼痛、恶心呕吐和腹泻。患者 HSCT 后主要消化道症状腹泻的原因有很多，包括消化道黏膜炎、重度血细胞减少相关感染、移植物抗宿主病（graft-versus-host disease，GVHD）等。治疗取决于腹泻严重程度和原因。移植后有多种原因可致腹泻，在 allo-HSCT 后 100 日内，约 80% 会出现至少 1 次急性腹泻发作。评估应包括大便定量和定性检测，即使已开始纠正容量消耗和代谢紊乱，也要评估潜在病因。评估受到一些因素影响，包括腹泻持续时间、患者年龄等。腹泻原因应考虑以下原因：预处理方案所用化疗和/或放疗所致非口腔黏膜炎可影响整个胃肠道引起腹泻。急性 GVHD 是异基因造血干细胞移植后持续性急性腹泻最常见原因。其累及胃肠道常见表现为腹部绞痛和

腹泻，最初可为大量水样泻，随后可变为血性，组织学检查有助于急性GVHD的诊断。HSCT后感染性原因导致腹泻也是常见，在GVHD开始免疫抑制药物治疗前应排除感染性肠病或同时给予预防治疗。感染性腹泻的常见病因包括：艰难梭菌、巨细胞病毒、腺病毒和肠道病毒（如柯萨奇病毒、埃可病毒、轮状病毒、诺如病毒等）。在肠道病理标本活检时需同时检查。在大剂量糖皮质激素、T细胞去除及非亲缘、亲缘半相合移植或脐血移植中更易发生各种病毒感染。（防治详见本指南《血液保护》分册和《胃肠道保护》分册相关章节）

第四章

肠道微生态技术与造血干细胞移植

病原微生物对人类是一个持续威胁，特别是随着新技术如单倍体及无关供者allo-HSCT的开展和新型免疫抑制剂使用，出现了较多对抗生素耐药的细菌和免疫功能低下的个体。IM对宿主具多种作用，如影响宿主免疫系统发育，影响食物消化、必需氨基酸、次生代谢产物、短链脂肪酸和维生素的合成，调节宿主免疫反应等。在健康人体内，IM是肠道黏膜免疫重要组成部分，有益菌、中性菌和致病菌构成微妙的平衡关系，组成保持人体健康所必需的功能稳态。IM在机体控瘤免疫反应中的作用，包括在化疗和allo-HSCT中的作用已受到越来越多关注。20世纪80年代，研究报道肠腔共生的微生物即IM在GVHD病理生理过程中发挥重要作用。对IM在allo-HSCT中的作用，包括相关并发症如感染、GVHD与预后及复发的关系，需更新认识。HSCT后会对机体IM产生影响，而IM可能也会通过多种机制影响HSCT的预后。

一、HSCT概述

HSCT是指给予来自于任何来源（如骨髓、外周血和脐带血）或供者（如异基因、同基因、自体）造血干细胞以重建骨髓功能的一种治疗手段。通常根据造血干细胞来自于自身或他人，分为自体造血干细胞移植（autologous hematopoietic stem cell transplantation， auto - HSCT）和allo-HSCT。auto-HSCT是取患者自身骨髓或外周血干细胞回输给本人，通过移植物中多能干细胞在体内定植、增殖分化，使者机体恢复造血和免疫功能的一种治疗方法。allo-HSCT是指将供者的骨髓或外周血干细胞植入受体体内的方法，与实体器官移植术后只是单向的排异反应不同，allo-HSCT术后排异反应是双向的，即不仅存在宿主对供体的GVHD，还存在供体移植物对宿主的GVHD。这是因为植入供体移植物中存在T淋巴细胞、单核-巨噬细胞等免疫活性细胞识别宿主自身抗原进而激活、增殖分化所致。

（一）适应证

auto-HSCT常用于治疗多发性骨髓瘤、非霍奇金淋巴瘤和霍奇金淋巴瘤患者。allo-HSCT主要用于治疗中高危急性白血病、中高危骨髓增生异常综合征和重型再障患者，可有效改善此类患者预后，使50%以上白血病达到无病生存。

（二）预处理及并发症

预处理是输注供者异体或自体造血干细胞前受者经历的化疗/放疗的治疗阶段，目的是尽可能杀灭受者体内残存白血病细胞，抑制受者免疫功能、消除受者造血干细胞，从而便于接受供者细胞植入，对HSCT成功与否起至关重要作用。预处理方案必须在明确诊断、危险分层、移植前疾病状态、脏器功能、共存疾病特征和供体类型基础上进行综合评估。移植早期并发症主要包括植入失败、急性GVHD、感染（细菌、真菌、病毒、卡氏肺囊虫等），出血性膀胱炎，肝窦阻塞综合征及心血管系统、消化系统、内分泌及CNS并发症。移植晚期并发症主要包括慢性GVHD、生育异常及继发第二肿瘤等。

二、HSCT对肠道微生态的影响

以IM为典型代表的人体微生态研究是当前国际生物医学研究的热点，人体正常微生物群之间，菌群与宿主之间，菌群、宿主与环境之间存在相互依存、相互制约的动态平衡。这种共生平衡被打破，正常微生物群之间，微生物与宿主之间由生理性组合变为病理性组合，发生人体微生态失调，导致疾病发生。微生态失调一般区分为菌群失衡和菌群易位。菌群失衡是指肠道原有菌群发生改变，益生菌减少和（或）致病菌增多。肠道菌群易位可分为横向易位和纵向易位。横向易位指细菌由原定植处向周围转移，如下消化道细菌向上消化道转移，结肠细菌向小肠转移，引起如小肠感染综合征等。纵向易位指细菌由原定植处向肠黏膜深层乃至全身转移。HSCT过程中，预处理及使用预防性抗生素，改变了机体原有肠道菌群构成，共生菌减少、菌群多样性减少，造成微生态失衡或菌群易位。肠道菌群在肠道稳态和免疫调节中起至关重要作用，已被认为是接受allo-HSCT患者临床结局的预测指标。研究发现，小鼠模型肠道菌群变化决定了GVHD严重程度。随着宏基因组学、转录组学、蛋白质组学、代谢组学等组学技术飞速发展，人体微生态与HSCT相关研究越来越多、越来越深入。

（一）移植前预处理对肠道微生态的影响

移植前预处理尤其大剂量化疗方案（如白消安/环磷酰胺方案）以及带有全身照射的方案（如环磷酰胺/全身照射方案）易损伤肠黏膜上皮细胞，使肠黏膜屏障功能受损。大剂量化放疗抑制机体细胞免疫及体液免疫功能，导致免疫调控异常，通过促进细菌转位和全身炎症反应，增加患者感染风险，改变肠道菌群组成从而发生菌群失调，肠道菌群易穿透受损肠黏膜，引起异常免疫反应，活化T淋巴细胞，促进炎症介质释放，造成胃肠黏膜屏障受损，从而损伤胃肠道等靶器官。

（二）预处理引起肠道微生态失调

预处理化疗过程中，由化疗药物和预防性抗生素使用，肠道菌群的多样性和稳定性遭到破坏，造成肠道原有菌群失衡或菌群易位，甚至出现细菌肠道支配。肠道菌群中占支配地位的细菌包括短链脂肪酸的产生菌（如芽孢杆菌、布鲁氏菌等）和专门发酵寡糖的菌种（如双歧杆菌等）。临床上，肠道内各种微生物群的定植或易位常先于感染发生，是引起菌血症和脓毒血症常见原因之一。有研究在移植后患者粪便标本中观察到杆菌如双歧杆菌和梭状芽孢杆菌向肠球菌相对转移，这在抗生素预防感染和中性粒细胞减少症患者治疗中更为明显。

（三）抗生素应用与肠道菌群环境

系统性使用广谱抗生素常用于 allo-HSCT 中治疗感染性并发症，但对微生物群组成的影响研究仍较少。有研究表明抗生素治疗时间对肠道菌群组成及与移植相关死亡率和总体生存的影响，通过多因素分析发现抗生素治疗时间是移植相关死亡率的独立危险因素，尽早开始抗生素治疗会降低 GVHD 相关死亡率，早期使用抗生素治疗可能会抑制肠道菌群中保护性梭菌，但在停止抗生素治疗后能迅速恢复微生物群多样性。allo-HSCT 中出现中性粒细胞缺乏伴发热时接受抗厌氧菌抗生素（如哌拉西林他唑巴坦或碳青霉烯）与仅接受极少量抗生素患者之间的GVHD发生率及死亡率均增加，使用抗厌氧菌抗生素会致肠道菌群多样性水平降低，尤其双歧杆菌和梭状芽孢杆菌丰度降低。接受allo-HSCT患者中常见感染病原体是革兰阴性菌（肠杆菌科）和革兰阳性菌（葡萄球菌属），识别和监测患者中此类病原体有助合理选择抗生素。艰难梭菌是一种常见肠道感染病原体，约1/3移植患者发生CDI是由于广谱抗生素的使用影响了肠道固有菌群，尤其是对梭状芽孢杆菌的抑制。在allo-HSCT时预防性和治疗性使用抗生素会影响肠道菌群多样性，进而增加耐药菌感染风险。

（四）移植后CDI

CDI常是使用广谱抗生素的并发症，广谱抗生素使用造成共生菌的减少，肠道菌群系发生失衡。艰难梭菌在一般人群很少定植，定植率约为8%。但在移植前无症状血液肿瘤患者中，艰难梭菌定植率为8%~29%，其中约12%是产毒株艰难梭菌定植，这与化疗后粒细胞缺乏期发热使用广谱抗生素密切相关。CDI是allo-HSCT后并不常见并发症之一，CDI除可引起局部炎症反应，还是发生GVHD的启动因素。这是因为CDI可促使肠黏膜释放细胞因子和促进内毒素转运、主要组织相容性复合体表达和免疫共刺激分子上调，从而激活移植物中供者T淋巴细胞释放更多炎性因子，形成细胞因子风暴，诱使GVHD发生。因此CDI患者，即使病情轻微也应积极处理，防止GVHD发生而使病情复杂化。可考虑使用益生菌纠正IM失衡以预防CDI。

三、肠道微生态对HSCT预后的影响

（一）肠道菌群与宿主免疫系统之间的相互作用

肠道菌群在促进免疫系统发育、维持正常免疫功能、协同抵抗病原菌入侵等发挥重要作用。肠道菌群与肠壁内免疫细胞以肠黏膜为界，相互作用，相互制约，处于动态平衡。肠上皮细胞、树突状细胞和巨噬细胞可表达识别微生物相关分子模式模式识别受体，例如Toll样受体在固有免疫中通过对病原体相关分子模式识别发挥作用，通过刺激信号级联反应导致促炎性细胞因子反应抗原呈递给调节性T细胞（regulatory T cell，Treg），Treg激活从早期肠道的最初定植转移到对共生细菌的耐受性，一些肠道细菌会产生丁酸盐、丙酸盐和乙酸盐，均是微生物发酵代谢产物，属短链脂肪酸，能下调炎性细胞因

子如 IL-6 和上调抗炎性细胞因子如 IL-10，在先天免疫中直接吞噬消灭各种病原微生物，在适应性免疫中能吞噬处理抗原-抗体结合物。肠道分节丝状菌可穿透黏液层并与上皮细胞紧密连接相互作用，诱导细胞信号传导，并致 Th17 分化，调节 CD4+效应 T 细胞。肠道菌群在维持肠上皮完整性和肠道免疫功能中发挥重要作用，IM 与宿主免疫系统相联系，通过改变肠道免疫耐受及免疫应答功能，影响移植后并发症发生和移植相关死亡率。

（二）进食改变和肠外营养对 HSCT 患者的影响

移植前预处理化疗药物可致患者出现不同程度恶心、黏膜炎和厌食，全胃肠外营养已广泛用于 allo-HSCT 患者以改善营养状况，移植后需谨慎评价患者营养状态，尤其是移植后患者可能存在因体液潴留或内皮细胞损伤及炎症状态（包括 GVHD）引起的体液平衡失调，因此体重并不是判断营养状况的唯一和可靠指标。需要通过多学科合作，计算摄入热量、蛋白质、体脂状态及每日消耗卡路里等数据建立对患者营养状态的准确评估。

（三）肠道微生态对 HSCT 结局的影响

有研究表明 HSCT 前的微生物多样性水平低与包括急性胃肠道 GVHD 在内的并发症发生无关，HSCT 术后早期 IM 变化对移植结局的影响可能大于移植前变化。肠道菌群多样化水平的破坏使者肠道急性GVHD发生率及感染率增加，肠道菌群多样化水平低的患者移植相关死亡率明显高于肠道菌群多样化水平中及高的患者，死亡原因主要为GVHD及感染。有研究显示肠道菌群多样化水平低、中、高三组患者HSCT后3年生存率分别为36%、60%和67%（P=0.019）。因此，包括益生菌、益生元在内多种微生态制剂的适当使用，可减少allo-HSCT过程中对肠道菌群多样性的破坏，从而改善患者预后。

（四）肠道菌群与免疫重建及随访

肠道菌群在免疫稳态中的作用提示肠道菌群可能影响 allo-HSCT 后免疫重建，并可能成为监测指标以调整移植后免疫相关策略。由于肠道菌群可调节宿主免疫力并在 GVHD 发生中发挥潜在作用，且与 GVHD 严重程度有关，有可能成为重要治疗随访指标之一。肠道菌群负荷的增加，例如大肠杆菌丰度增加，可能预示发生菌血症风险增加。在 allo-HSCT 患者监测肠道肠杆菌科菌株（例如大肠杆菌、克雷伯菌属和肠杆菌），可识别有感染风险患者，减少肠杆菌科菌血症风险。微生物群与宿主免疫的相互作用也可用于识别有疾病复发风险患者。

四、allo-HSCT后改善肠道菌群的策略

肠道菌群失衡可导致allo-HSCT患者合并感染、疾病复发、GVHD并可能延迟免疫重建，缩短总体生存期。allo-HSCT过程中的各个环节及因素均可能影响到肠道菌群的多样性。改善allo-HSCT后肠道菌群的策略主要包括调整抗生素、使用益生菌或益生元、FMT等。

（一）调整抗生素策略

allo-HSCT后使用抗生素杀灭致病菌同时会造成人体微生物群伤害，导致微生物物种和菌株多样性丧失，且不同抗生素对微生物群造成的影响不同，其中广谱抗生素影响最大，会引起微生物群多样性的长期匮乏，应尽量选择窄谱抗生素，同时减少抗生素的使用时间，以保护allo-HSCT后肠道环境。

（二）给予益生元策略

益生元是难消化化合物，通常是低聚糖，在影响共生细菌代谢方面具有优势。益生元可口服或给予胃内营养补充。Yoshifuji等研究评估应用益生元对allo-HSCT患者缓解黏膜损伤及减轻GVHD的疗效，患者自移植前肠道准备开始至移植后第28天口服益生元混合物，结果

表明益生元摄入减轻了黏膜损伤，降低了急性GVHD等级和发生率，同时降低了皮肤急性GVHD累积发生率，提示通过益生元摄入可保留产生丁酸盐的细菌种群，维持肠道菌群多样性。

（三）益生菌的使用策略与CDI

益生菌策略包括直接注入胃肠道内一种或多种有益微生物菌株，可通过经结肠镜或保留灌肠实施。对HSCT后CDI相关疾病的治疗，如肠道菌群多样性水平降低，对维持肠道多样性进行干预可能有助于改善移植结局，一种策略是限制使用杀灭厌氧共生菌的抗生素，尤其当需要广谱抗生素治疗菌血症或败血症时。另一种策略是通过宿主或健康供者（第三方）的粪便或粪便处理物质进行FMT来恢复肠道菌群多样性。CDI是allo-HSCT后常见并发症，一项研究显示allo-HSCT前采集和保存患者自身肠道的多样性微生物，allo-HSCT后发生CDI风险相关的肠道菌群主要是粪肠球菌，对有拟杆菌丧失的患者应用前期保存的肠道菌群，经过FMT恢复了以拟杆菌为主具有保护性功能的肠道菌群，微生物群中3种细菌类群（拟杆菌、毛螺菌、瘤胃球菌）的存在会降低60%发生CDI相关风险。

五、急性胃肠道GVHD诊治规范

GVHD指由异基因供者细胞与受者组织发生反应导致的临床综合征，经典急性GVHD一般指发生在移植后100 d以内，且主要表现为皮肤、胃肠道和肝脏等器官的炎性反应。晚发急性GVHD指具备经典急性GVHD的临床表现、但发生于移植100 d后的GVHD。胃肠道是急性GVHD第二位受累的靶器官，上消化道和下消化道均可累及，上消化道急性GVHD主要表现厌食消瘦、恶心呕吐，下消化道急性GVHD表现为水样腹泻、腹痛、便血和肠梗阻，下消化道急性GVHD与移植后非复发相关死亡密切相关。

（一）分级标准

急性胃肠道GVHD的Glucksberg分级标准如下，1级：腹泻量大于500 mL/d或持续性恶心；2级：腹泻量大于1000 mL/d；3级：腹泻量大于1500 mL/d；4级：严重腹痛和（或）肠梗阻。下消化道（排便）西奈山急性GVHD国际联盟（mount sinai acute GVHD international consortium，MAGIC）分级标准如下，0级：成人腹泻量小于500 mL/d或腹泻次数小于3次/天、儿童腹泻量小于10 mL/（kg·d）或小于腹泻次数4次/天；1级：成人腹泻量小于500～999 mL/d或腹泻次数3～4次/天、儿童腹泻量小于10～19.9 mL/（kg·d）或腹泻次数4～6次/天；2级：成人腹泻量小于1000～1500 mL/d或腹泻次数5～7次/天、儿童腹泻量小于20～30 mL/（kg·d）或腹泻次数7～10次/天；3级：成人腹泻量大于1500 mL/d或腹泻次数大于7次/天、儿童腹泻量大于30 mL/（kg·d）或腹泻次数大于10次/天；4级：严重腹痛伴或不伴肠梗阻或便血。

（二）诊断和鉴别诊断

急性胃肠道GVHD诊断标准主要为临床诊断，确诊需要胃或十二指肠活检病理结果，在急性GVHD表现不典型或治疗效果欠佳时需鉴别诊断，如当患者出现食欲不振、恶心和呕吐等上消化道症状时可能为急性上消化道（胃）GVHD，仅表现上消化道症状时需与念珠菌病、非特异性胃炎等上消化道疾病相鉴别。当患者出现腹泻等下消化道初始症状时，要考虑为急性下消化道（肠）GVHD初始表现，应注意与引起腹泻的其他原因相鉴别。

（三）一线治疗

一线治疗为糖皮质激素，最常用甲泼尼龙，起始剂量 1～2 mL/（kg·d），调整环孢素 A 谷浓度至 150～250 μg/L，评估糖皮质激素疗效，急性胃肠道 GVHD 控制后缓慢减少糖皮质激素用量，一般每 5～7 天减量甲泼尼龙 10～20 mg/d，4 周减至初始量的 10%。若判断为糖皮质激素耐药，需加用二线药物，并减停糖皮质激素；如判断为糖皮质激素依赖，二线药物起效后减停糖皮质激素。

（四）二线治疗及其他治疗

二线治疗原则上在维持环孢素 A 有效浓度基础上加用二线药物：①抗白细胞介素 2 受体抗体单抗，推荐用法：成人及体重大于等于 35 kg 儿童每次 20 mg、体重小于 35 kg 儿童每次 10 mg，移植后第 1、3、8 天各 1 次，以后每周 1 次，使用次数根据病情而定。②芦可替尼，推荐用法：成人初始剂量为 10 mg/d 分 2 次口服，3d 后无治疗相关不良反应可调整剂量至 20 mg/d。体重大于等于 25kg 儿童初始剂量为 10 mg/d 分 2 次口服，体重小于 25 kg 儿童初始剂量为 5 mg/d 分 2 次口服。其他药物包括甲氨蝶呤、霉酚酸酯、他克莫司、西罗莫司等。其他治疗主要包括抗人胸腺淋巴细胞球蛋白，间充质干细胞、FMT 等也有应用。

第五章

肠道微生态技术与
结直肠癌

结直肠癌是全球范围内第三位最常见的恶性肿瘤，也是第二位最常见的恶性肿瘤死亡原因，其易感性和发展与遗传和环境两大因素密切相关。据双胞胎和家庭遗传学结果估计，结直肠癌的遗传率仅为12%~35%，而环境因素则主要影响结直肠癌的发生发展。随着近几年第2代高通量测序技术的广泛应用，肠道微生态在结直肠癌发生发展与防治中的作用得到广泛研究。肠道微生态的改变不仅参与了结直肠黏膜缓慢发展成腺瘤、最终演变成结直肠癌的整个过程，同时，"益生菌"等肠道微生态制剂也通过促进宿主肠道屏障功能，调节免疫微环境以及改善肠道菌群平衡等发挥治疗结直肠癌等作用，揭示了肠道微生态在结直肠癌早期诊断和防治中的潜在应用价值。

一、结直肠癌肠道微生态特点

与健康人群的微生物组相比，结直肠癌病人肠道菌群出现全面的组成变化（通常称为生态失调，dysbiosis），反映了结直肠癌患者特有的生态微环境。许多研究表明，一些特定的细菌，包括脆弱拟杆菌（*Bacteroides fragilis*）、大肠杆菌（*Escherichia coli*）、粪肠球菌（*Enterococcus faecalis*）和溶胆链球菌菌株（*Streptococcus gallolyticus*）与结直肠癌发生发展密切相关。近年，通过人类宏基因组研究确定，一些结直肠癌新关联细菌，包括具核梭杆菌（*Fusobacterium nucleatum*），以及来自细小单胞菌属（*Parvimonas*）、消化链球菌属（*Peptostreptococcus*）、卟啉单胞菌属（*Porphyromonas*）和普氏菌属（*Prevotella*）细菌，这些细菌在结直肠癌患者粪便和肿瘤样本中丰度显著增加。通过量化和检测这些细菌相对丰度的倍数变化，以作为使用微生物群标志物检测结直肠癌的相关依据。

肠道菌群差异受地域因素影响，但多项meta分析表明，结直肠癌相关的几种细菌在不同地域人群存在一致性。一项研究通过对526个结直肠癌患者和健康对照人群粪便进行宏基因组学meta分析，确定了结直肠癌中7种富集细菌的微生物核心，包括一种具有与结直肠癌相关的产肠毒素细菌：脆弱拟杆菌；4种口腔细菌：具核梭杆菌、微小小单胞菌（*Parvimonas micra*）、不解糖卟啉单胞菌（*Porphyromonas asaccharolytica*）和中间普氏菌（*Prevotella intermedia*）；以及2种其他类细菌：*Alistipes finegoldii*和嗜热微生物弧菌（*Thermanaerovibrio acidaminovorans*）。另外，上述这些富集细菌与结直肠癌中耗尽细菌的共生网络呈负相关关系，包括已开发为益生菌的几种物种，例如产丁酸的丁酸梭菌（*Clostridium butyricum*）和鸡乳杆菌（*Lactobacillus gallinarum*）。这几种益生菌在结直肠癌治疗中均展现出潜在益处。2019年发表的两项关于粪便宏基因组的meta分析研究进一步扩展了这组结直肠癌富集的核心细菌。通过对八个地理区域的样本分析，有多达29个核心微生物被确定为与结直肠癌相关细菌。

二、肠道微生态影响结直肠癌发生发展的相关机制

肠道微生物促癌作用已被广泛研究，其促癌相关机制多种多样。分为基因毒性、炎症反应、免疫反应和代谢。

（一）基因毒性

指微生物给生物体造成的DNA结构损伤，例如DNA链断裂、DNA加合物的形成、DNA缺失和重排。如微生物造成的宿主DNA损伤未能导致宿主细胞死亡，这种损伤可能会进一步引起抑癌基因或致癌基因表达。细胞致死膨胀毒素和大肠杆菌素是两种被广泛研究的具有代表性的基因毒素。其中，细胞致死膨胀毒素可由大

肠杆菌和空肠弯曲杆菌（*Campylobacter jejuni*）产生，并通过其 DNA 酶活性诱导宿主细胞双链 DNA 断裂。细胞致死膨胀毒素缺陷菌株在小鼠结直肠癌模型中表现出明显减弱的致癌能力。肠杆菌科（Enterobacteriaceae）也可产生大肠杆菌素以诱导宿主 DNA 链断裂并引发或促进结直肠癌。除以上两种特定毒素外，细菌代谢产物也可产生遗传毒性作用。例如，卟啉单胞菌属（*Porphyromonas*）产生的活性氧，以及嗜胆菌属（*Bilophila*）和梭菌属（*Fusobacterium*）产生的硫化氢都能促进结直肠肿瘤的发生发展。

（二）炎症反应

是结直肠恶性肿瘤的重要生物特征，也是微生物与结直肠癌相关主要明确致癌机制之一。微生物毒力因子诱导宿主组织的慢性炎症，可刺激细胞增殖，引发机体稳态失调，并与细胞凋亡失败发挥共同作用，导致恶性肿瘤发生。这些效应可能是由微生物与特定宿主细胞内信号通路的相互作用介导的。例如，具核梭杆菌可诱导核因子-κB（NF-κB）途径激活，具核梭杆菌和脆弱拟杆菌都具负调节 E-钙黏蛋白、激活 WNT/β-连环蛋白信号通路，从而驱动细胞增殖。产生肠毒素的脆弱拟杆菌（ETBF）分泌脆弱拟杆菌毒素并刺激TH-17/IL-17依赖性结肠炎从而促进结直肠肿瘤发生。除微生物直接作用外，识别微生物相关分子模式也可通过与宿主模式识别受体，如toll样受体（TLR）和核苷酸结合寡聚化结构域样（NOD）受体相互作用在远程器官中诱导炎症反应。细菌脂多糖和TLR4之间相互作用导致细胞存活途径的下游激活，从而引起肿瘤发生。

（三）免疫反应

人体微生物组和免疫系统间相互作用从特应性和自身免疫疾病到癌症的广泛作用都已得到充分验证。宿主免疫系统通过诱导癌细胞或潜在病变细胞的凋亡在肿瘤防治中发挥关键作用。微生物组可能会在多个层面调控干扰这一过程。HIV对CD4+T淋巴细胞具有嗜性，从而削弱宿主检测潜在癌细胞的能力并增加致癌率。有核梭菌能表达Fap2表面蛋白，该蛋白与T细胞和自然杀伤（NK）细胞相互作用从而抑制免疫细胞控癌细胞毒性功能。有学者认为，在健康状态下，微生物群-免疫相互作用有益于维持免疫系统控癌免疫监视功能，并提出了多种潜在机制，包括通过拓宽T细胞受体库和增强多种免疫反应强度。

（四）代谢

除免疫调控外，新陈代谢是宿主和微生物群相互作用的第二个关键因素。人类微生物组可表达影响膳食维生素、营养素、异生素和其他宿主来源化合物的代谢相关基因，这些细菌介导的代谢反应可调控饮食与肿瘤之间平衡。例如，肠道细菌可将膳食纤维发酵为丁酸盐等短链脂肪酸，抑制炎症反应和癌细胞增殖，从而在结直肠癌中发挥治疗作用。另一方面，肠道细菌对胆汁酸和蛋白质代谢可致有害芳香胺和硫化物形成，从而产生致癌作用。然而，肠道细菌代谢反应受宿主因素影响。例如，MSH2是人体一个在DNA错配修复中起关键作用的蛋白质，在MSH2基因表达异常个体中，微生物产生丁酸盐可通过驱动结直肠细胞过度增殖从而诱发结直肠癌。

三、粪便细菌标志物与结直肠癌诊断

结直肠癌早期筛查能有效降低发病率与死亡率。目前，结肠镜检查和粪便隐血试验（FIT）是结直肠癌筛查主要手段。结肠镜检查具高灵敏度和高特异性，是结直肠癌筛查金标准。然而，结肠镜检查要求经验丰富的内镜医师和患者依从性，经费和人力成本很高。FIT灵敏度较差（约73.1%）。近年，各种生物标志物的发现大大促进结直肠癌的检测和治疗，主要包括蛋白质类标志物、基因突变和DNA甲基化相关标志物、microRNA类标志物，及肠道微生物标志物。前几类检测同肠道微生物标志物比，技术烦琐，价格昂贵，晚期腺瘤检测灵敏性与特异性低。因此，基于粪便菌群标志物的结直肠癌诊断表现出准确、无创及价格优惠等优势。

宏基因组测序技术高速发展促进了结直肠癌粪菌标志物的发现。通过对香港地区74例结直肠癌患者和54例健康个体样本分析，发现了20个与结直肠癌相关的微生物基因标志物，并在丹麦、法国及奥地利等人群中得到了验证，其中具核梭杆菌（*Fn*）的丁酰辅酶A脱氢酶和来自 *P. micra* 的RNA聚合酶亚基β（*rpoB*）这两个基因可区分结直肠癌患者和健康人群。通过PCR对这两个基因行量化分析，其AUC可达0.84。另外一项研究，使用Bayesian方法逻辑回归模型，通过检测六种细菌在粪便中丰度，将结直肠癌患者和健康个人区分开来，其AUC可达0.80。若将年龄、种族和BMI加入该模型中，AUC进一步提高到0.92。综上，这些肠道菌群特征都可能被用作结直肠癌筛查的粪便生物标志物。

在上述的几种候选细菌中，*Fn* 在单独量化分析中和与其他细菌结合分析中，尤其是与共生梭菌（*Clostrium symbiosum*）、*Clostridium hathewayi* 和一种产 *Colibactin* 毒素的 clbA+细菌联合分析时，都是一个关键标志物。通过建立探针定量 PCR 技术检测 2 个独立亚洲队列 203 例大肠癌和 236 例健康对照的粪便，证实靶向定量细菌标志物 Fn 可有效诊断肠癌（敏感性 77.7%，特异性 79.5%，AUC0.868）。与单独使用 FIT 进行检测相比，联合检测 *Fn* 的粪便丰度可提高 FIT 检测的灵敏度和特异性，可将其 AUC 从 0.86 提升到 0.95，敏感性和特异性分别达到 92.3% 和 93%，反映通过多靶点进行结直肠癌筛查的优势。研究证实粪便细菌标志物可无创诊断结直肠癌，补充了 FIT 诊断的不足，显著提升结直肠癌的非侵入性诊断性能。一篇 2019 年文章报道，通过 16 种肠道细菌便可实现对结直肠癌的交叉验证，且其 AUC>0.8。针对地理多样性和地区差异 meta 分析表明，基于多种微生物筛查方法可在全球内对不同人种适用。*Fn*、*Bacteroides clarus*（*Bc*）、*Clostridium hathewayi*（*Ch*）、肠罗伊氏菌（*Roseburia intestinalis*，*Ri*）和一种未定义的细菌物种 m7 是用于结直肠癌分辨筛查的关键细菌。四种细菌

联合应用诊断结直肠癌的 AUC 达到 0.886，进一步联合
FIT 诊断结直肠癌的敏感性为 92.8%，特异性为 81.5%。

　　m3 是近年发现的一个结直肠腺瘤和结直肠癌的新
型粪便生物标志物。它是一个通过宏基因组分析发现的
来源于毛梭菌属（*Lachnoclostridium* sp.）的新型基因标
记物，其在结直肠腺瘤患者粪便样本中富集表达。在两
个独立包含 1012 个受试群的亚洲样本群中，m3 与其他细
菌比较可诊断大肠腺瘤（敏感性 48.3%，特异性
78.5%， AUC 0.675）及大肠癌（敏感性 62.1%，特异性
78.5%，AUC 0.741）。m3 联合其他细菌标志物 *Fn*、*Clos-
tridium hathewayi*（*Ch*）和 *Bacteroides clarus*（*Bc*）以及
FIT 诊断大肠癌的敏感性可达到 93.8%，特异性为
81.2%，AUC 达 0.907。进一步研究发现这些粪菌标志物
在诊断无症状大肠腺瘤和大肠癌患者中同样有效，并可
监测腺瘤和肠癌复发。

四、粪菌标志物与结直肠腺瘤诊断

　　已知结直肠癌发展是由肠道正常黏膜逐渐演变为癌前
病变，最终演化为恶性肿瘤。其中，结直肠腺瘤是一种主
要癌前病变。通过确定结直肠腺瘤，并以结肠镜切除术将
其切除，可大大阻止致癌级联反应。但结直肠腺瘤无症状

且不易察觉。因此，开发通过粪菌标志物以检测肠道腺瘤性息肉的技术，可预防和减少结直肠癌的发生。

当前基于粪群筛查结直肠腺瘤的实验方法，主要是FIT和基于粪便样本多靶点试验，这些方法对检测结直肠腺瘤敏感性均较低。Zakular等的实验结果表明，通过Bayesian方法分析肠道细菌丰度，有五种粪便微生物标志物被发现与结直肠腺瘤相关，并且将这五种细菌丰度数据与相关临床指标结合分析后，可将结直肠腺瘤患者与健康人群区分开来（AUC=0.9），以增加检测腺瘤的灵敏性。结果表明使用微生物组成数据诊断结直肠腺瘤的可能性。

还有多项研究表明，具核梭菌在结直肠腺瘤的丰度更高，但其与健康个体间丰度差异幅度小于结直肠癌患者与健康个体间的差异。通过单独检测粪便样本中具核梭菌，或将其与其他微生物标记物联合检测，抑或是与FIT结合应用，都被证明可将结直肠腺瘤患者和对照的健康人群区分开来。

五、其他类微生物标志物及代谢物与结直肠癌诊断

除粪菌外，其他微生物标志物也具检测结直肠癌可

能性。几项研究报告结直肠癌与口腔微生物群间存在关联，如链球菌（*Streptococcus*）和普雷沃氏菌属（*Prevotella* spp.），并提出通过分析口腔细菌来预测结直肠癌可能性。其中一项对比结直肠癌患者、结直肠腺瘤患者和健康个体的口腔微生物群的研究，通过开发一种基于口腔微生物群的分类器，将病例与健康对照区分开来。这种方法具取样方便优势，更受患者青睐，也有利大规模人群筛查。

鉴于多项研究报告某几类特定细菌引起的菌血症与结直肠癌风险增加间存在关联，检测这些特定细菌或其引起的血液中的免疫反应可能为结直肠肿瘤诊断提供线索。结直肠癌与溶血性链球菌（*Streptococcus gallolyticus*）存在密切关系，在感染后10年内，通过对这种细菌阳性检测与结直肠癌诊断具关联性，据此研发出一种多重血清学检测结直肠癌方法。此外，针对具核梭菌的血清抗体评估也可能是检测结直肠癌的潜在生物标志物。

多项研究表明，几种微生物代谢产物与结直肠癌发生发展相关，使代谢组成为发现生物标志物的丰富资源。研究发现，与健康对照组相比，结直肠癌患者粪便提取物中的短链脂肪酸和胆汁酸水平存在差异，包括较高水平的乙酸盐，以及较低水平的丁酸盐和熊去氧胆酸。这些代谢物可作为筛查结直肠癌的依据。通过对386名受试者的粪便样本进行代谢组学和宏基因组学分析，其中包括118名结直肠癌患者、140名结直肠腺瘤患者和128名健康受试者，发现20个粪菌代谢物可区分大肠癌和健康人群（AUC 0.80），并可区分大肠癌和腺瘤患者（AUC 0.79）。联合细菌标志物可将诊断大肠癌的AUC提升至0.94，将区分大肠癌和腺瘤方面的AUC提升至0.92。该成果提示代谢物和细菌标志物结合可增加诊断大肠癌的能力。

除细菌外，研究也发现可区分结直肠癌和健康对照人群的22种肠道病毒（AUC 0.802），并发现与结直肠癌患者预后差相关的4种病毒标志物，提示与结直肠癌相关的肠道病毒可用于大肠癌的诊断和预后判断。另一项发现14个真菌生物标志物可有效地区分大肠癌和对照人群（AUC 0.93）。另外，结直肠癌中富集的9个古菌可区分结直肠癌和对照人群（AUC 0.82）。这些研究表明，除细菌外其他肠癌相关的肠道微生物包括病毒、真菌和古菌同样具有诊断大肠癌的潜在临床转化意义，为大肠癌的无创诊断提供了新的理论依据和方法。

第六章

益生菌与洗涤菌群移植

一、益生菌临床前试验

益生菌是一类有益活性微生物，在摄入足量时可通过定殖在人体内，改变人体某一部位菌群组成，对宿主健康带来益处。益生菌概念已存在一个多世纪，已有研究揭示这类微生物有抗癌活性，并提出各种潜在免疫机制。在结直肠癌中发挥作用的益生菌，主要包括双歧杆菌和乳杆菌属在内的几种细菌。研究表明，它们通过不同机制在临床前研究中发挥控癌的特性，如抑制结直肠癌细胞增殖、诱导癌细胞凋亡、调节宿主免疫反应、灭活致癌毒素和产生控癌化合物等。

目前仅有极少数临床试验评估益生菌对人类结直肠癌的疗效。根据这些结果了解到，对接受结直肠肿瘤切除术患者，口服干酪乳杆菌（*Lactobacillus casei*）可降低中度或高度发育不良肿瘤的发病率，但不会降低肿瘤总数量。由益生元菊粉和益生菌鼠李糖乳杆菌 GG（*Lactobacillus rhamnosus* GG）和乳酸双歧杆菌 Bb12（*Bifidobacterium lactis* Bb12）组成的合生元干预处理可改变病人粪便微生物群，即增加肠道菌群中乳酸杆菌和双歧杆菌丰度，减少菌群产气荚膜梭菌（*Clostridium perfringens*）丰度，从而减少有结肠息肉病史的患者体内癌细胞增殖，改善上皮屏障功能。有研究随后对20名志愿者开展调查，发现使用包含抗性淀粉和乳酸双歧杆菌（*Bifidobacterium lactis*）的合生元干预未能改变细胞增殖或一些其他生物标志物的变化，不过志愿者粪便微生物群发生了变化，主要表现为毛螺菌科（*Lachnospiraceae* spp.）丰度增加。尽管目前研究益生菌在结直肠癌防治中的临床试验不多，但有越来越多体外和体内实验数据表明使用益生菌预防结直肠癌的可能性。通过这些临床前研究，我国已有不少国际和国家发明专利支撑益生菌在结直肠癌防治中的潜在能力。将以嗜热链球菌（*Streptococcus thermophilus*）和鸡乳杆菌（*Lactobacillus gallinarum*）为例介绍益生菌的临床前研究方法。

（一）嗜热链球菌

嗜热链球菌是一种革兰阳性、发酵性的兼性厌氧菌。通常用于酸奶生产，存在于发酵乳制品中。这种微生物已被证明可保护胃肠道上皮细胞免受肠袭性大肠杆菌侵害，并可改善婴儿肠道细胞生长，缓解幼儿急性腹泻。近期研究发现，大鼠在接受嗜热链球菌灌胃后，可缓解甲氨蝶呤诱导的结肠炎。后续又有研究重点阐明嗜热链球菌在体外和体内预防肠道肿瘤发生中的作用，并探讨其对结直肠癌发展保护作用的机制，发现嗜热链球菌是通过分泌β-半乳糖苷酶来阻止结直肠癌发生发展。研究者使用正交方法发现嗜热链球菌在结直肠肿瘤患者肠道中丰度明显下降。在结肠肿瘤的2个动物模型（Apcmin/+小鼠自发性结直肠癌模型和AOM诱导的小鼠结直肠癌模型）中，嗜热链球菌显著降低了肿瘤数量和肿瘤体积。此外，通过体外实验发现，嗜热链球菌抑制了结直肠癌细胞系活力而对正常肠上皮细胞活力无影响。由于之前研究揭示嗜热链球菌在肠道中的抗炎作用及其产生的乳酸作为调节结肠上皮的信号，该项研究是第一项将嗜热链球菌表征为肿瘤抑制的益生菌的研究。进一步机制研究表明嗜热链球菌通过表达β-半乳糖苷酶从而产生半乳糖，进而抑制结直肠癌细胞中Hippo信号传导和Warburg效应。

嗜热链球菌能在极短体外培养时间（20分钟）内产生β-半乳糖苷酶。且在体内仍有产生β-半乳糖苷酶的活性，在接受长期灌胃野生型小鼠粪便样本中，整体β-半乳糖苷酶活性显著增加。通过分析肿瘤基因组图谱数据集，发现编码人类β-半乳糖苷酶的基因GLB1表达水平较高的结直肠癌患者预后较好，表明由人体产生的β-

半乳糖苷酶或辅以益生菌促进β-半乳糖苷酶分泌可使结直肠癌患者受益。其他嗜温乳酸菌产生β-半乳糖苷酶，会将1 mol乳糖水解产生4 mol乳酸。嗜热链球菌产生β-半乳糖苷酶的途径只会代谢乳糖中的葡萄糖部分，无须发酵即可分泌半乳糖，从而产生2 mol乳酸和1 mol半乳糖。研究还发现半乳糖本身就具备降低体外结直肠癌细胞活力的能力，并减少体内肠道肿瘤数量，表明半乳糖对结直肠癌发展过程中发挥保护作用。

Hippo信号通路是一条与肿瘤发生发展有关的途径，激活Hippo信号通路可促进肠道肿瘤形成。研究者发现嗜热链球菌大于100 kDa的条件培养基处理（St.CM > 100 kDa）和半乳糖处理都能拮抗葡萄糖摄取并导致代谢应激，表现为结直肠癌细胞AMPK和ACC磷酸化。同时，St.CM大于100 kDa和半乳糖也能诱导YAP S127磷酸化并将YAP保留在细胞质中。进一步说明嗜热链球菌代谢产物通过AMPK信号通路对Hippo信号传导的调节从而发挥抑癌作用。在Hippo信号通路下游，研究者发现有氧糖酵解的关键介质HK2在St.CM大于100 kDa处理和半乳糖处理的细胞中显著下调。进一步发现HK2的表达下调会抑制糖酵解反应并诱导氧化磷酸化反应。这个现象在体内也观察到，在接受野生型嗜热链球菌处理的小鼠的肿瘤组织中发现糖酵解稳态和Hippo信号传导被破坏，而突变体嗜热链球菌处理未达这种结果。进一步证实嗜热链球菌依赖性产生的β-半乳糖苷酶参与抑制Hippo致癌途径和肿瘤细胞代谢，从而抑制结直肠肿瘤形成。

（二）鸡乳杆菌

乳酸菌（LAB）广泛存在于发酵食品中，例如分解植物和奶制品，是广泛用作有利于人体健康的益生菌。临床前研究表明，乳酸菌能减少癌症发展过程中的慢性炎症。乳杆菌属（*Lactobacillus*）即为乳酸菌中的一类。通过使用鸟枪法宏基因组测序技术，确定了一种益生菌鸡乳杆菌在结直肠癌患者粪便中丰度显著下调，表明它可能发挥抑制结直肠癌的作用。研究者分别在小鼠模型、人结直肠癌衍生的类器官和细胞系中观察到鸡乳杆菌可通过促进细胞凋亡抑制结肠直肠肿瘤发生，且该肿瘤抑制作用归因于一种由鸡乳杆菌产生的代谢物吲哚-3-乳酸。

该研究首次证明口服鸡乳杆菌可减少雄性和雌性ApcMin/+小鼠的肠道肿瘤数量和大小，并在AOM/DSS

诱导小鼠结直肠癌模型中验证了该结果。通过体外实验，发现鸡乳杆菌是由其产生的小型非蛋白质代谢物促进细胞凋亡，从而抑制结直肠癌细胞和结直肠癌患者来源的类器官生长。鸡乳杆菌显著增加了共生益生菌丰度，如 *Lactobacillus helveticus* 和 *Lactobacillus reuteri*。同时鸡乳杆菌的处理也降低了一些潜在致病菌种丰度，如 *Alistipes*、*Allobacullum*、*Dorea*、*Odoribacter*、*Parabacteroides* 和 *Ruminococcus*。在这些细菌中，*Lactobacillus reuteri* 可通过产生组胺类物质来抑制炎症相关结直肠癌发生。因此，鸡乳杆菌可通过富集大量益生菌和减少潜在结直肠癌相关病原体丰度以抑制结直肠癌发生发展。大量研究表明，肠道微生物群在结直肠肿瘤发生中起关键作用。一项关键研究发现移植结直肠癌患者粪便可诱发无菌小鼠和 AOM 处理小鼠的肿瘤发生。另一项研究表明，将 AOM/DSS 小鼠粪便样本移植到无菌小鼠体内会导致肿瘤发展。这些结果表明，肠道菌群失调会引发结直肠肿瘤易感性，而肠道微生物群的改变是结直肠肿瘤发生发展的重要决定因素。还有研究发现，益生菌可改变微生物群的组成，从而缓解肿瘤进展。例如，*Lactobacillus salivarius* 可通过调节肠道微生物群来抑制 CRC

肿瘤的发生。

鸡乳杆菌产生的抑癌代谢物也可通过诱导细胞凋亡来抑制结直肠癌细胞活力。通过代谢组学分析，发现鸡乳杆菌可产生L-色氨酸并将L-色氨酸转化为其分解代谢物。实验进一步发现，L-色氨酸的一种分解代谢物吲哚-3-乳酸（ILA）在鸡乳杆菌的体外培养液上清中和鸡乳杆菌处理的ApcMin/+小鼠粪便样本中均显著增加。ILA可在体外抑制结直肠癌细胞活力，并在体内动物模型中抑制肠道肿瘤发展。最近一个研究表明，肠道微生物群产生的L-色氨酸分解代谢物是维持肠道稳态的重要因素。ILA也可通过益生菌长双歧杆菌分泌的母乳色氨酸的代谢产生，以预防炎症反应。ILA还可通过抑制上皮自噬减轻小鼠结肠炎，且对肠道先天性免疫反应发挥调节作用。这些结论也可表明，结直肠癌发生发展受肠道细菌产生的有益于健康的代谢物（例如，短链脂肪酸）和潜在的致癌代谢物（例如，次级胆汁酸）之间平衡的影响。对益生菌代谢物的抗癌特性，也有大量研究报道。例如，植物乳杆菌（*Lactobacillus plantarum*）产生的代谢物通过选择性抑制癌细胞增殖和诱导癌细胞凋亡而表现出对癌细胞的细胞毒性；干酪乳杆菌（*Lacto-*

bacillus casei）代谢产生的铁色素通过抑制JNK信号通路而对结直肠癌细胞产生抑制作用。和这些益生菌一样，鸡乳杆菌等益生菌的抑癌特征也可归因于其代谢产生的保护性代谢物。该项研究首次证实鸡乳杆菌具抗结直肠癌功能。抑癌机制主要是调节肠道微生物组成和分泌保护性代谢物（包括ILA），从而促进结直肠癌细胞凋亡。这些发现有助于制定使用益生菌防治结直肠癌的临床前研究和治疗策略。

二、洗涤菌群移植

（一）洗涤菌群移植的技术背景

FMT是指将健康供体粪便中的菌群输入患者肠道，以治疗菌群失调相关性疾病。FMT用于治疗人类疾病至少已有一千多年历史。自2013年Surawicz等制定指南推荐FMT作为复发性CDI的可选治疗方案以来，多个国家和地区的指南和共识相继推荐FMT用于成人和儿童患者CDI的治疗，但不同的FMT方法得到的临床结果不尽相同。FMT技术除用于治疗CDI之外，其他适应证包括溃疡性结肠炎、克罗恩病、肝性脑病、放射性肠炎、免疫检测点抑制剂相关性肠炎、靶向药诱导的腹泻、造血干细胞移植后急性移植物抗宿主病等。

目前国际上大多数临床研究，是将手工制备的菌液通过多种途径给入肠道，这种手工制备的过程对操作者是一种挑战。此外，受大众对粪便中所含病原体的担忧，以及使用粪便来源物质治疗疾病影响尊严等偏见因素的影响，很多患者、医生、医学生和候选供体对FMT持消极态度。截至2019年，国内外医学指南和共识都是基于手工FMT，尚无指南或共识解决新的实验室和临床流程方案。中国自2014年起，基于智能粪菌分离设备、菌液洗涤程序和新移植途径的方法逐步取代传统手工FMT方法。这种基于自动化设备及相关洗涤过程和移植过程的FMT被称为洗涤菌群移植（washed microbiota transplantation，WMT），并于2019年12月通过专家组制定《洗涤菌群移植方法学南京共识》。

最近研究证据表明，新方法WMT显著减少FMT相关不良事件并提升了移植质量的可控性。2022年，中国国家标准化管理委员会正式发布并执行《洗涤粪菌质量控制和粪菌样本分级》的国家技术标准（GB/T 41910–2022），这是粪菌移植领域的第一项国家技术标准，该标准的核心内容是WMT的技术要求，并明确规定粪菌的采集和处理，应在国家批准的医院洁净实验室实施，治疗应由在医院注册的执业医师决策和执行。

值得注意的是，依据国家相关法规，商业公司（制药公司获得国家批准生产菌群作为药品销售除外）在未获得医疗许可的情况下，以治疗疾病为目的向医院提供菌群的医疗行为，属于非法行医。药企开展的相关菌群制药研发与医院开展WMT作为医疗技术救治病患不同，两者分属完全不同的管理"轨道"。

肠道菌群失调相关性疾病贯穿肿瘤决策的全过程，主要包括能否有机会进入抗肿瘤治疗、能否继续抗肿瘤治疗，和能否消除抗肿瘤治疗导致的并发症。WMT作为有效的重建肠道菌群的技术，从根本上影响肿瘤治疗的时机、效果、安全性、住院时间、医疗成本、生活质量以及生存期，应该成为肿瘤整合诊疗的核心技术之一。然而，目前全国只有少数医院（主要在消化内科）开展该项技术，广大肿瘤患者鲜有机会从中受益。因此，CA-CA专家组制定WMT技术指南，并指导将其用于肿瘤治疗各阶段的合并症或并发症的治疗非常重要且急迫。

（二）洗涤菌群移植的实验技术

1. 供体筛选

WMT作为医疗技术，依据其属性和国家相关法律法规：WMT的全过程，从供体筛选由医生负责组织实施和最终确认开始，均属于医疗行为，实验室加工过程需要在医院实施，并由执业医师在医院完成对患者的治疗。供体的筛选过程包括问卷筛查（卷筛）、面试筛查（面筛）、实验室筛查（验筛）和监查筛查（监筛）4个阶段。

2. 实验室制备和管理

实验室的制备方法、制备时间、制备场所、操作人员、保存状态、剂量和留样保存均是实验室溯源管理和医疗记录所需的必须信息。FMT技术的发展在近10年取得重要技术进步，WMT作为FMT发展新阶段，具有形成供体来源、制备方法、保存状态、剂量、定量依据等这些关键实验室信息的条件，满足用于溯源管理和医疗记录。用于生物安全溯源的生物样本应该是用于治疗的样本，而不是供体粪便的原物。

溯源样本至少保存2年，筛选供体的资料和实验室记录应至少保存10年。一个基本治疗剂量单位为1U（unit），含有约 1.0×10^{13} 个细菌。以 10 cm³（约 1.0×10^{13} 个细菌）沉淀菌群为 1 个基本单位剂量（unit, U），按照 1∶2 的体积比，向沉淀菌群中加入无菌载体溶液

（如0.9%生理盐水），温和混匀制成粪菌悬浮液，供立即使用或冻存。

肿瘤领域医生主要面临的问题是如何获得附带溯源信息的WMT医疗支持，并将其记录到医疗文件中，以保障医疗安全、知情同意、患者权益、医疗技术提供者权益和医生合法行医。在WMT技术发展的当前阶段，医院委托商业公司完成实验室制备，存在非医疗专业技术人员操作和监管导致源头上存在传播疾病等风险。医院接受由商业公司以治疗疾病为目的提供的粪便来源菌群的行为不受国家相关法律法规保护。虽然有证据显示新鲜状态菌液体现了对CDI和IBD具有更可靠的疗效，且冻存制品容易诱发IBD活动；但是对肿瘤人群的整合治疗需求，尚缺证据支持治疗必须提供新鲜状态菌液。可能仅少数医院可以满足肿瘤患者提供新鲜状态的菌群移植，但是对绝大多数机构和患者不具有可行性。

3. 保存、运输与复温

含终浓度为10%低温保护剂（甘油）的洗涤菌液或冻干菌粉可在-80℃下储存1年。冻存菌液用干冰或<-20℃冰箱临时储存或运输，在使用前需37℃水浴复温。

冻存菌液建议在一年内使用。临床研究表明，

-80℃储存9个月以上的菌群活性会显著下降。如果没有-80℃储存条件，冷冻洗涤菌液可用干冰或在-20℃下储存1月，但储存条件会影响菌群活力和功能。最近一项共识建议粪菌悬液可在-20℃下保存长达2个月，但即使在-20℃下保存30天也可能会导致一些微生物定殖能力减弱。制备的粪菌悬液在运输过程中应保持冰冻状态，运输过程可通过使用干冰来实现。当将制备好的粪菌悬液从实验室运送给医生时，运输容器必须密封，以避免生物安全事件发生。

使用当天，冻存菌液应在密封容器中用37℃水浴复温（50 mL玻璃瓶包装，升至37℃需30~45min）。全过程必须避免交叉污染。一项临床研究报告称，样品在37℃环境下，随着保存时间延长，样品的成分和代谢会发生变化。因此，应避免反复冻融粪菌悬液以保证菌群质量。此外，通过下消化道途径移植低于37℃的粪菌悬液可能会增加不良事件风险，如腹泻或腹部疼挛，特别是在炎症性肠病和肠易激综合征患者中更易出现。因此，输送粪菌悬液的房间应配备水浴锅或类似水浴锅条件。

提醒不能用粪菌胶囊治疗CDI的疗效数据转换为治疗其他疾病的疗效数据，粪菌胶囊治疗其他疾病目前证据不足。粪菌胶囊制备包括菌泥装入胶囊后冻存和经过冻干制备为菌粉再装入胶囊保存两种形式，技术差异大，前者是在未解冻前口服，后者可在室温条件下存放后口服。洗涤菌群悬液制备方案可用于制备冻干菌群胶囊。

（三）WMT用于肿瘤整合治疗的适应证和禁忌证

1. 有条件应将WMT用于"影响抗癌治疗决策的肠道细菌感染"的治疗

"影响抗癌治疗决策的肠道细菌感染"的定义，是指患者在肿瘤治疗的核心方案实施前或实施中，发生的会影响肿瘤治疗决策的肠道细菌感染，包括以下情况任何一种：①感染超过1周未能清除；②严重或爆发的肠道细菌感染；③诊断CDI；④无法检出明确病原体，但临床考虑细菌感染可能性大，并且尝试用抗菌药治疗1周，仍然存在腹泻。

处于合并"影响抗癌治疗决策的肠道细菌感染"的患者，如果选择使用抗生素治疗，即使感染能得到治愈，因为抗生素长时间、多种类联合使用，会导致：①延误针对肿瘤治疗的时间，并可能因此失去治疗肿瘤的机会；②已有证据表明，免疫治疗前使用抗生素会显著降低肿瘤治疗生存时间，2018年报道，249例患者中接受PD-1治疗前有长期抗菌药使用史的患者的中位生存时间显著短于无抗菌药使用史的患者（11.5月 vs 20.6月，$P < 0.001$）。

基于已有证据表明肠道菌群在肿瘤治疗中的积极作用，推荐将WMT用于"影响抗癌治疗决策的肠道细菌感染"的治疗：①肠道菌群表现出增加化疗药物疗效的实验证据；②移植菌群表现出对靶向药导致腹泻有疗效的临床证据；③移植菌群表现出增加免疫检测点抑制剂疗效的实验室和临床证据，并有增效的动物实验室证据；④WMT重建菌群表现出治疗放射性肠炎的实验室和临床证据，并有增敏的动物实验室证据；⑤WMT已经具有足够的安全性证据和便捷获得并实施的可行性。

禁忌证：WMT主要的治疗对象是各种复杂危重状态的肠道感染，没有绝对禁忌证，但需要根据患者状况进行治疗时机、途径、剂量、频次的合理选择。治疗决策的研判需考虑，患者是否合并中毒性巨结肠、消化道梗阻、医疗团队是否具有建立并选择各种移植途径的综合能力、WMT及移植相关内镜技术等可及性。

2. 难治性免疫检测点抑制剂导致的肠炎和腹泻应考虑WMT治疗

"免疫检测点抑制剂导致的肠炎和腹泻"是免疫检

测点抑制剂常见的不良反应。WMT已经具有足够的安全性证据和便捷获得并实施的可行性。WMT治疗前，建议在清洁灌肠后肠镜观察直乙结肠的病变。

禁忌证：没有绝对的疾病禁忌证，但需根据患者状况进行治疗时机、途径、剂量、频次的合理选择。治疗决策的重点，是患者是否合并消化道梗阻、医疗团队是否具有建立并选择各种移植途径的综合能力、创造治疗并及时治疗的能力。

3. 推荐WMT用于放射性治疗导致肠炎和腹泻的治疗

"放射性治疗导致肠炎和腹泻"是放射性治疗后出现急慢性肠炎、腹泻，可以发生于放射性治疗后1月以内，也可发生在20年之后。WMT用于放射性治疗导致肠炎和腹泻的治疗安全、可行。

禁忌证：没有绝对的疾病禁忌证，但需要根据患者状况进行治疗时机、途径、剂量、频次的合理选择。治疗决策重点是患者是否合并消化道梗阻、肠瘘、医疗团队是否具有建立并选择各种移植途径的综合能力、WMT及移植相关内镜技术等可及性。

4. 血液系统肿瘤造血干细胞移植后难治性移植物抗

宿主病和腹泻应考虑 WMT

"血液肿瘤造血干细胞移植后移植物抗宿主病和腹泻"是指在造血干细胞移植后发生的移植物抗宿主病，明确是移植物抗宿主病相关的腹泻，部分可能合并感染相关腹泻。

禁忌证：消化道明显活动性出血、粒细胞减少和血小板严重减少状态下，应暂缓 WMT。一般可通过合理选择治疗时机、途径、剂量、频次等策略平衡风险与可能获益，并做出决策。治疗决策重点，是患者是否合并消化道梗阻、消化道明显活动性出血、医疗团队是否具有建立并选择各种移植途径的综合能力、WMT 及移植相关内镜技术等的可及性。

（四）WMT 用于肿瘤整合治疗的患者准备

1. 患者及其监护人接受 WMT 前的知情同意内容

患者及其监护人接受 WMT 前应被告知可能获益、移植菌来源、菌液制备方法、状态、剂量、次数、途径、安全性等关键问题，并签署知情同意书。

患者或其监护人应被告知洗涤菌液实验室制备流程、接受 WMT 潜在的获益和风险。但是，粪菌库中捐赠者的个人信息应对患者匿名。应向患者及其家属解释肠道菌群重建的主要场所是结肠，但菌群重建对机体影响不是局部治疗，而是影响机体免疫的整体治疗。

2. 抗菌药物的使用

建议在菌液给入前至少12小时停用抗菌药。特殊情况下，如患者肠道感染严重，无条件停用抗菌药时，可以使用抗菌药。对除外复发性CDI的疾病，如果患者合并其他细菌感染，可以使用抗菌药。但是，抗菌药应在WMT前至少12小时停用。WMT前和WMT后使用抗菌药，会增加WMT失败的概率，需与患者及家属进行知情告知。

3. 应根据患者病情和移植途径决定在输入菌群前是否对患者进行肠道准备

对肿瘤合并便秘患者，建议在首次WMT前至少6小时完成口服泻药或灌肠行肠道清洁。对CDI和IBD患者，尚无足够证据表明在WMT前行肠道准备会影响临床结果。对于不能耐受肠道准备或有肠道准备相关风险者，不建议行肠道准备。结肠途径经内镜肠道植管（transendoscopic enteral tubing，TET）途径则因为TET操作所需，必须完成肠道清洁，没有条件口服肠道清洁药物的患者，行清洁灌肠作为肠镜前的肠道准备。还可依据病情需要、结肠TET的条件限制，考虑胃镜下、肠镜下、鼻空肠管等途径移植的可能选择。

4.患者接受WMT前应行血液和粪便病原学检测

接受WMT前患者同接受输血患者一样，必须进行人类免疫缺陷病毒（HIV）、乙型肝炎病毒（HBV）、丙型肝炎病毒（HCV）和梅毒的检测。建议免疫力严重低下患者在接受WMT前进行细菌培养。美国曾经发生2名患者在FMT后出现产超广谱β-内酰胺酶（ESBL）大肠杆菌感染所致的菌血症。接受WMT前患者还应送检常见粪便病原微生物，通常为难辨梭状芽孢杆菌（毒素或者PCR检测）、粪便常规细菌培养。这些检测目的是界定患者在WMT治疗前的现症感染状态。

5.肠道菌群测序不能作为临床移植菌群的决策依据

虽然16S rDNA测序、宏基因组学、病毒组学等检测和挖掘分析技术广泛用于肠道菌群研究，体现了重要科研价值，但还没有证据支持将其用于临床菌群移植的技术选择。

（五）WMT用于肿瘤整合治疗的途径选择

1.合理选择WMT途径可避免致命性吸入性肺炎

吸入性肺炎作为WMT途径相关的严重不良事件可以通过合理选择移植途径避免。已有将菌液经胃镜输送至十二指肠或经结肠镜送至结肠后发生FMT相关的致命性吸入性肺炎的报道。本指南特别强调，在选择移植途径时，特别是对幼儿、老年人、衰弱、意识障碍、胃排空障碍、肠道不全梗阻、肥胖、麻醉意外等患者，应谨慎考虑并做出正确的临床移植途径选择。

2.经口服、经鼻胃管、经胃镜、经鼻空肠管途径WMT，应谨慎，甚至避免用于有胃或者十二指肠手术史、有肠梗阻的患者

以下情况会导致给入的微生物可能会在改构之后的肠道、盲袢等区域过度生长，导致炎症、菌血症，甚至更严重的后果：①胃或十二指肠手术史的患者，其胃肠道解剖结构被手术改变，消化道改构会导致腔道的运动功能受到影响；②小肠肿瘤、术后腹腔粘连、肿瘤腹腔转移导致肠粘连、放射性小肠损伤等可能导致肠道运动障碍、肠梗阻。这些患者应尽量避免经口服、胃镜、鼻空肠管途径给入菌群。即使患者因为肠内营养、空肠减压，已经具有鼻空肠管、经皮胃造瘘管、经皮空肠造瘘管的存在，也要特别谨慎的将其用于菌群移植的途径。提醒感染性腹泻、肛门失禁的患者所表现的腹泻次数多，可能掩盖患者同时合并小肠

运动障碍的存在。医生要注意肠道"通而不畅"情形，患者能进食、无腹胀、消化道造影显示肠道通畅不能作为判别依据支持肠道运动功能状态能安全地接受大量菌群移植到小肠。

3. 胃镜或麻醉并发症发生率高的患者应选择透视引导下植入鼻空肠管或不考虑中消化道途径WMT

内镜或麻醉并发症发生率高的患者应选择其他介入途径，例如在透视引导下植管。给入菌液的时候，床头至少抬高10°并保持30分钟防止菌液反流和误吸。胃镜下中消化道植管可同时用于内镜诊断、内镜治疗，置入后的管道兼顾肠内营养、肠道造影前的肠道准备、肠道清洁的使用；在确定肠道通畅且运动功能满足移植菌群的条件下，可以同时用于WMT，这样可以最大限度减少患者不适和医疗费用。特别对于胃肠动力减慢的情况，应在移植前给控制胃酸分泌的药物和促进胃肠动力药物。

4. 结肠TET途径WMT安全高，能快速将菌液送入结肠深部，并可重复给入

针对2000-2020年全球移植途径相关不良事件分析发现，相比口服胶囊、经胃镜、经鼻空肠管、经结肠

镜、经直乙结肠灌肠途径，结肠 TET 管途径 WMT 具有最低的不良事件发生率，推荐结肠 TET 途径可作为首选方案。结肠 TET 管可保留在结肠内，用于需要多次或单次输注菌液。这一决策应综合考虑在内镜下放置 TET 管并同时进行结肠诊断和内镜下治疗，以及通过 TET 管行全结肠给药。TET 管的远端通常固定在盲肠或升结肠，也可以固定在末端回肠、横结肠或降结肠。为了延长菌液在结肠内的保留时间，身体条件允许的患者治疗后应该右侧卧位同时至少保持 $10°$ 头低脚高体位 30 分钟，然后转为仰卧位。

（六）WMT 用于肿瘤整合治疗的剂量和频次

1. WMT 的剂量和次数

WMT 单次移植的剂量、累计移植的次数取决于肿瘤患者的不同状态。以下病情则可能需要更多的移植剂量和频次：程度较轻的 CDI 所需的菌群移植剂量和频次，总量小于 1U 可能即可治愈；难治性 CDI，爆发性 CDI，多重耐药菌感染，肠道细菌感染合并病毒、真菌感染、未明确病原体或已知病原体无法解释的严重感染性腹泻、严重营养不良状态等病症，一般需要单次给入 1U 以上治疗剂量，并需要在一次住院期间予以超过 1 次的移植次数，还可能需要在第一次 WMT 疗程后的 1~3 个月内予以第二疗程的 WMT 治疗。按照 1U 用 20 mL 混悬液的配比计算，幼儿一次给入的治疗剂量总体积为 10~50 mL，7 岁以上患者的治疗体积为 50~150 mL，输注速度为 50mL/（1~2）min。

2. 肿瘤作为重要的疾病状态，是需要考虑重复移植的重要因素

肿瘤是影响宿主免疫状态的重要因素，加上其合并外科手术史、化疗用药、免疫治疗用药、放疗、免疫抑制剂等因素，对于患者合并的 CDI、放射性肠炎、免疫检查点抑制剂导致的肠炎等的治疗需求，应该考虑增加移植次数。2018 年，美国报道免疫抑制状态、合并症多是治疗 CDI 失败的独立贡献因素。

（七）如何提高 WMT 用于肿瘤整合治疗水平

1. WMT 治疗中心的医护人员必须接受 WMT 相关培训

WMT 治疗中心的所有医护人员都应接受严格的培训。培训内容应包括我国相关法律法规、WMT 技术体系、肠道菌群在肿瘤发生发展和治疗中的作用研究进展、肿瘤治疗全程中可能的适应证、患者准备、移植途

径、安全管控等。培训内容需根据研究进展及时更新。

2. WMT临床研究报告的10个要素

临床研究报告应该明确陈述的项目包括：治疗疾病、来源、制备方法、状态、剂量、频次、疗程、途径、安全性、有效性。

临床研究报告，包括随机对照研究、真实世界研究、个案报道，都应该在报告中清楚陈述这10个项目。以上这些信息的透明化，有助于提高研究报道的质量，为未来的研究者实现更为系统的整合分析提供足够的信息，推动本领域的发展。

结论：

本指南为WMT在肿瘤患者的全程管理中提供应用指导。为实验室准备、治疗适应证、患者准备、移植途径、移植剂量和频次，以及如何提升临床治疗水平确立了指导意见。这些意见和相关评论不仅可用于指导医院建立WMT中心，也可用于指导肿瘤领域的医生对WMT的临床应用。本指南旨在推动WMT技术安全、规范、有效地用于肿瘤治疗前、治疗中和治疗后的WMT需求，使更多的患者受益于WMT技术。

参考文献

1. 朱宝利.人体微生物组研究.微生物学报，2018，58（11）：1881-1883.

2. 中国抗癌协会肿瘤与微生态专业委员会.肠道微生态与造血干细胞移植相关性中国专家共识.国际肿瘤学杂志，2021，48（03）：129-135.

3. Khoruts A，Staley C，Sadowsky MJ. Faecal microbiota transplantation for clostridioides difficile：mechanisms and pharmacology. Nat Rev Gastroenterol Hepatol，2021，18（1）：67-80.

4. 安江宏，钱莘，骆璞，等.肠道微生态与肿瘤的诊断和治疗.国际肿瘤学杂志，2021，48（7）：436-440.

5. Chahwan B，Kwan S，Isik A，et al. Gut feelings：A randomised，triple-blind，placebo-controlled trial of probiotics for depressive symptoms. J Affect Disord，2019，253：317-326.

6. 中华预防医学会微生态学分会.中国微生态调节剂临床应用专家共识（2020版）.中国微生态学杂志，2020，32（8）：953-965.

7. Noriho Iida，Amiran Dzutsev，C Andrew Stewart，et al.

Commensal bacteria control cancer response to therapy by modulating the tumor microenvironment. Science, 2013, 342 (6161): 967-970.

8.Viaud S, Saccheri F, Mignot G, et al. The intestinal microbiota modulates the anticancer immune effects of cyclophosphamide. Science. 2013, 342 (6161): 971-976.

9.Bertrand Routy, Emmanuelle Le Chatelier, Lisa Derosa, et al. Gut microbiome influences efficacy of PD-1-based immunotherapy against epithelial tumors. Science, 2018, 359 (6371): 91-97.

10.Gopalakrishnan V, Spencer C N, Nezi L, et al. Gut microbiome modulates response to anti-PD-1 immunotherapy in melanoma patients. Science, 2018, 359 (6371): 97-103.

11.Matson V, Fessler J, Bao R, et al. The commensal microbiome is associated with anti-PD-1 efficacy in metastatic melanoma patients. Science, 2018, 359 (6371): 104-108.

12.Tanoue T, Morita S, Plichta DR, et al. A defined commensal consortium elicits CD8 T cells and anti-cancer immunity. Nature, 2019, 565 (7741): 600-605.

13. Fluckig Er A, R Daillère, Sassi M, et al. Cross-reactivity between tumor MHC class I-restricted antigens and an enterococcal bacteriophage. Science, 2020, 369 (6506): 936-942.

14. Sivan A, Corrales L, Hubert N, et al. Commensal bifidobacterium promotes antitumor immunity and facilitates anti-PD-L1 efficacy. Science, 2015, 350 (6264): 1084-1089.

15. Routy B, Le CE, Derosa L, et al. Gut microbiome influences efficacy of PD-1-based immunotherapy against epithelial tumors. Science, 2018, 359 (6371): 91-97.

16. Liu X, Tong X, Zou Y, et al. Mendelian randomization analyses support causal relationships between blood metabolites and the gut microbiome. Nature Genetics, 2022, 54 (1): 52-61.

17. Zitvogel L, Ma Y, Raoult D, et al. The microbiome in cancer immunotherapy: Diagnostic tools and therapeutic strategies. Science, 2018, 359 (6382): 1366-1370.

18. Matson V, Fessler J, Bao R, et al. The commensal microbiome is associated with anti-PD-1 efficacy in metastatic melanoma patients. Science, 2018, 359 (6371): 104-108.

19. Mager LF, Burkhard R, Pett N, et al. Microbiome-derived inosine modulates response to checkpoint inhibitor immunotherapy. Science, 2020, 369 (6510): 1481-1489.

20. Yang Y, Du L, Shi D, et al. Dysbiosis of human gut microbiome in young-onset colorectal cancer. Nature Communications, 2021, 12 (1): 6757.

21. Young VB. The role of the microbiome in human health and disease: an introduction for clinicians. BMJ, 2017, 356: j831.

22. Jian Y, Zhang D, Liu M, et al. The impact of gut microbiota on radiation-induced enteritis. Front Cell Infect Microbiol, 2021, 11: 586392.

23. Wang L, Wang X, Zhang G, et al. The impact of pelvic radiotherapy on the gut microbiome and its role in radiation-induced diarrhoea: a systematic review. Radiat

Oncol, 2021, 16（1）: 187.

24. Samarkos M, Mastrogianni E, Kampouropoulou O. The role of gut microbiota in clostridium difficile infection. Eur J Intern Med, 2018, 50: 28-32.

25. Shogbesan O, Poudel DR, Victor S, et al. A systematic review of the efficacy and safety of fecal microbiota transplant for clostridium difficile infection in immunocompromised patients. Can J Gastroenterol Hepatol, 2018, 2018: 1394379.

26. Boulangé CL, Neves AL, Chilloux J, et al. Impact of the gut microbiota on inflammation, obesity, and metabolic disease. Genome Med, 2016, 8（1）: 42.

27. Laudadio I, Fulci V, Palone F, et al. Quantitative assessment of shotgun metagenomics and 16S rRNA amplicon sequencing in the study of human gut microbiome. OMICS, 2018, 22（4）: 248-254.

28. Eltokhy MA, Saad BT, Eltayeb WN, et al. A Metagenomic nanopore sequence analysis combined with conventional screening and spectroscopic methods for deciphering the antimicrobial metabolites produced by alca-

ligenes faecalis soil isolate MZ921504. Antibiotics（Basel），2021，10（11）：1382.

29.中华预防医学会.基于高通量测序的病原体筛查通用准则（T/CMPA 010-2020）.中国病原生物学杂志，2021，16（6）：738-740.

30.Sanschagrin S，Yergeau E. Next-generation sequencing of 16S ribosomal RNA gene amplicons. J Vis Exp，2014，29（90）：51709.

31.中华医学会检验医学分会.高通量宏基因组测序技术检测病原微生物的临床应用规范化专家共识.中华检验医学杂志，2020，43（12）：1181-1195.

32.贺小康，涂贤，姚菲，等.具核梭杆菌与结直肠癌发生发展的研究进展.国际肿瘤学杂志，2022，49（2）：121-124.

33.韦丽娅，郭智.肠道微生物群与血液肿瘤.国际肿瘤学杂志，2021，48（7）：445-448.

34.纪晓琳，罗说明，李霞.基于肠道菌群防治1型糖尿病的研究进展与挑战.中华医学杂志，2022，102（16）：1241-1244.

35.Dash NR，Khoder G，Nada AM，et al. Exploring the

impact of helicobacter pylori on gut microbiome composition. PLoS One, 2019, 14（6）: e0218274.

36. Lun H, Yang W, Zhao S, et al. Altered gut microbiota and microbial biomarkers associated with chronic kidney disease. Microbiologyopen, 2019, 8（4）: e00678.

37. Ren Z, Li A, Jiang J, et al. Gut microbiome analysis as a tool towards targeted non-invasive biomarkers for early hepatocellular carcinoma. Gut, 2019, 68（6）: 1014-1023.

38. Lu J, Zhang L, Zhai Q, et al. Chinese gut microbiota and its associations with staple food type, ethnicity, and urbanization. NPJ Biofilms Microbiomes, 2021, 7（1）: 71.

39. He J, Chu Y, Li J, et al. Intestinal butyrate-metabolizing species contribute to autoantibody production and bone erosion in rheumatoid arthritis. Sci Adv, 2022, 8（6）: eabm1511.

40. Gupta K, Walton R, Kataria SP. Hemotherapy-induced nausea and vomiting: pathogenesis, recommendations, and new trends. Cancer Treat Res Commun, 2021, 26:

100278.

41. Razvi Y, Chan S, McFarlane T, et al. ASCO, NCCN, MASCC/ESMO: a comparison of antiemetic guidelines for the treatment of chemotherapy-induced nausea and vomiting in adult patients. Support Care Cancer, 2019, 27 (1): 87-95.

42. Hong CHL, Gueiros LA, Fulton JS, et al. Systematic review of basic oral care for the management of oral mucositis in cancer patients and clinical practice guidelines. Support Care Cancer, 2019, 27 (10): 3949-3967.

43. Ando T, Sakumura M, Mihara H, et al. A review of potential role of capsule endoscopy in the work-up for chemotherapy -induced diarrhea. Healthcare (Basel), 2022, 10 (2): 218.

44. Hay T, Bellomo R, Rechnitzer T, et al. Constipation, diarrhea, and prophylactic laxative bowel regimens in the critically ill: a systematic review and meta-analysis. J Crit Care, 2019, 52: 242-250.

45. Wang Y, Abu-Sbeih H, Mao E, et al. Immune-check-

point inhibitor-induced diarrhea and colitis in patients with advanced malignancies: retrospective review at MD Anderson. J Immunother Cancer, 2018, 6 (1): 37.

46. Cooksley T, Font C, Scotte F, et al. Emerging challenges in the evaluation of fever in cancer patients at risk of febrile neutropenia in the era of COVID-19: a MASCC position paper. Support Care Cancer, 2021, 29 (2): 1129-1138.

47. Duceau B, Picard M, Pirracchio R, et al. Neutropenic enterocolitis in critically Ill patients: spectrum of the disease and risk of invasive fungal disease. Crit Care Med, 2019, 47 (5): 668-676.

48. Benedetti E, Bruno B, Martini F, et al. Early diagnosis of neutropenic enterocolitis by bedside ultrasound in hematological malignancies: a prospective study. J Clin Med, 2021, 10 (18): 4277.

49. Khanna S. Advances in clostridioides difficile therapeutics. Expert Rev Anti Infect Ther, 2021, 19 (9): 1067-1070.

50. Hou K, Wu ZX, Chen XY, et al. Microbiota in health

and diseases. Signal Transduct Target Ther, 2022, 7 (1): 135.

51. Martin A, Fahrbach K, Zhao Q, et al. Association between carbapenem resistance and mortality among adult, hospitalized patients with serious infections due to enterobacteriaceae: results of a systematic literature review and meta-analysis. Open Forum Infect Dis, 2018, 5 (7): 150.

52. Davidovics ZH, Michail S, Nicholson MR, et al. Fecal microbiota transplantation for recurrent clostridium difficile infection and other conditions in children: a joint position paper from the north american society for pediatric gastroenterology, hepatology, and nutrition and the european society for pediatric gastroenterology, hepatology, and nutrition. J Pediatr Gastroenterol Nutr, 2019, 68 (1): 130-143.

53. Cammarota G, Ianiro G, Kelly CR, et al. International consensus conference on stool banking for faecal microbiota transplantation in clinical practice. Gut, 2019, 68 (12): 2111-2121.

54.Guo Z，Gao HY，Zhang TY，et al. Analysis of allogene-ic hematopoietic stem cell transplantation with high-dose cyclophosphamide-induced immune tolerance for severe aplastic anemia. Int J Hematol，2016，104（6）：720-728.

55.Reinhardt C. Themicrobiota：a microbial ecosystem built on mutualism prevails. J Innate Immun，2019，11（5）：391-392.

56.Koliarakis I，Psaroulaki A，Nikolouzakis TK，et al. In-testinal microbiota and colorectal cancer：a new aspect of research. J BUON，2018，23（5）：1216-1234.

57.R Storb，R L Prentice，C D Buckner，et al. Graft-ver-sus-host disease and survival in patients with aplastic anemia treated by marrow grafts from HLA-identical sib-lings. Beneficial effect of a protective environment. N Engl J Med，1983，308（6）：302-307.

58.郭智，刘晓东，杨凯，等.allo-HSCT并使用高剂量环磷酰胺诱导免疫耐受治疗重型再生障碍性贫血.中华器官移植杂志，2015，36（6）：356-361.

59.Lanping Xu，Hu Chen，Jing Chen，et al. The consen-

sus on indications，conditioning regimen，and donor se-
lection of allogeneic hematopoietic cell transplantation
for hematological diseases in China-recommendations
from the chinese society of hematology. J Hematol Oncol，
2018，11（1）：33.

60.中华医学会血液学分会干细胞应用学组.中国异基因
造血干细胞移植治疗血液系统疾病专家共识
（Ⅲ）——急性移植物抗宿主病（2020年版）.中华
血液学杂志，2020，41（7）：529-536.

61.Sarah Lindner，Jonathan U Peled. Update in clinical and
mouse microbiota research in allogeneic haematopoietic
cell transplantation. Curr Opin Hematol，2020，27
（6）：360-367.

62.Shimasaki T，Seekatz A，Bassis C，et al. Increased rel-
ative abundance of klebsiella pneumoniae carbapene-
mase-producing klebsiella pneumoniae within the gut
microbiota is associated with risk of bloodstream infec-
tion in long-term acute care hospital patients. Clin Infect
Dis，2019，68（12）：2053-2059.

63.Tanaka JS，Young RR，Heston SM，et al. Anaerobic

antibiotics and the risk of graft-versus-host disease after allogeneic hematopoietic stem cell transplantation. Biol Blood Marrow Transplant, 2020, 26 (11): 2053-2060.

64. Weber D, Jenq RR, Peled JU, et al. Microbiota disruption induced by early use of broad spectrum antibiotics is an independent risk factor of outcome after allogeneic stem cell transplantation. Biol Blood Marrow Transplant, 2017, 23 (5): 845-852.

65. Schuster MG, Cleveland AA, Dubberke ER, et al. Infections in hematopoietic cell transplant recipients: results from the organ transplant infection project, a multicenter, prospective, cohort study. Open Forum Infect Dis, 2017, 4 (2): ofx050.

66. Zayar Lin, Zafar Iqbal, Juan Fernando Ortiz, et al. Fecal microbiota transplantation in recurrent clostridium difficile infection: is it superior to other conventional Methods? Cureus, 2020, 12 (8): e9653

67. Vaughn JL, Balada-Llasat JM, Lamprecht M, et al. Detection of toxigenic clostridium difficile colonization in

patients admitted to the hospital for chemotherapy or hae-matopoietic cell transplantation. J Med Microbiol, 2018, 67 (7): 976-981.

68. Zhou B, Yuan Y, Zhang S, et al. Intestinal flora and disease mutually shape the regional immune system in the intestinal tract. Front Immunol, 2020, 11: 575.

69. Vobořil M, Brabec T, Dobeš J, et al. Toll-like recep-tor signaling in thymic epithelium controls monocyte-de-rived dendritic cell recruitment and Treg generation. Nat Commun, 2020, 11 (1): 2361.

70. Jang GY, Lee JW, Kim YS, et al. Interactions between tumor-derived proteins and toll-like receptors. Exp Mol Med, 2020, 52 (12): 1926-1935.

71. Jonsson H, Hugerth LW, Sundh J, et al. Genome se-quence of segmented filamentous bacteria present in the human intestine. Commun Biol, 2020, 3 (1): 485.

72. Ilett EE, Jørgensen M, Noguera-Julian M, et al. Asso-ciations of the gut microbiome and clinical factors with acute GVHD in allogeneic HSCT recipients. Blood Adv, 2020, 4 (22): 5797-5809.

73. Fredricks DN. The gut microbiota and graft-versus-host disease. J Clin Invest, 2019, 129 (5): 1808-1817.

74. Yoshifuji K, Inamoto K, Kiridoshi Y, et al. Prebiotics protect against acute graft-versus-host disease and preserve the gut microbiota in stem cell transplantation. Blood Adv, 2020, 4 (19): 4607-4617.

75. Kusakabe S, Fukushima K, Yokota T, et al. Enterococcus: a predictor of ravaged microbiota and poor prognosis after allogeneic hematopoietic stem cell transplantation. Biol Blood Marrow Transplant, 2020, 26 (5): 1028-1033.

76. Shono Y, van den Brink MRM. Gut microbiota injury in allogeneic haematopoietic stem cell transplantation. Nat Rev Cancer, 2018, 18 (5): 283-295.

77. Parco S, Benericetti G, Vascotto F, et al. Microbiome and diversity indices during blood stem cells transplantation—new perspectives? Cent Eur J Public Health, 2019, 27 (4): 335-339.

78. Payen M, Nicolis I, Robin M, et al. Functional and phylogenetic alterations in gut microbiome are linked to

graft-versus-host disease severity. Blood Adv, 2020, 4 (9): 1824-1832.

79. Zhang F, Zuo T, Yeoh YK, et al. Longitudinal dynamics of gut bacteriome, mycobiome and virome after fecal microbiota transplantation in graft-versus-host disease. Nat Commun, 2021, 12 (1): 65.

80. Han H, Yan H, King KY. Broad-spectrum antibiotics deplete bone marrow regulatory T cells. Cells, 2021, 10 (2): 277.

81. Pession A, Zama D, Muratore E, et al. Fecal microbiota transplantation in allogeneic hematopoietic stem cell transplantation recipients: a systematic review. J Pers Med, 2021, 11 (2): 100.

82. Lee YJ, Arguello ES, Jenq RR, et al. Protective factors in the intestinal microbiome against clostridium difficile infection in recipients of allogeneic hematopoietic stem cell transplantation. J Infect Dis, 2017, 215 (7): 1117-1123.

83. Schoemans HM, Lee SJ, Ferrara JL, et al. EBMT-NIH-CIBMTR task force position statement on standard-

ized terminology & guidance for graft-versus-host disease assessment. Bone Marrow Transplant, 2018, 53 (11): 1401-1415.

84. Penack O, Marchetti M, Ruutu T, et al. Prophylaxis and management of graft versus host disease after stem-cell transplantation for haematologicalmalignancies: updated consensus recommendations of the european society for blood and marrow transplantation, Lancet Haematol. 2020, 7 (2): e157-e167.

85. Dai Z, Coker OO, Nakatsu G, et al. Multi-cohort analysis of colorectal cancer metagenome identified altered bacteria across populations and universal bacterial markers. Microbiome, 2018, 6 (1): 70.

86. Yu J, Feng Q, Wong SH, Zhang D, Liang QY, Qin Y, Tang L, Zhao H, Stenvang J, Li Y, Wang X, Xu X, Chen N, Wu WK, Al-Aama J, Nielsen HJ, Kiilerich P, Jensen BA, Yau TO, Lan Z, Jia H, Li J, Xiao L, Lam TY, Ng SC, Cheng AS, Wong VW, Chan FK, Xu X, Yang H, Madsen L, Datz C, Tilg H, Wang J, Brünner N, Kristiansen K, Arumugam

M，Sung JJ，Wang J. Metagenomic analysis of faecal microbiome as a tool towards targeted non-invasive biomarkers for colorectal cancer. Gut. 2017 Jan；66（1）：70-78.

87.Liang Q，Chiu J，Chen Y，Huang Y，Higashimori A，Fang JY，Brim H，Ashktorab H，Ng SC，Ng SS，Zheng S，Chan FK，Sung JJ，Yu J. Fecal Bacteria Act as Novel Biomarkers for Non-Invasive Diagnosis of Colorectal Cancer. Clin Cancer Res. 2017 Apr 15；23（8）：2061-2070.

88.Wong SH，Kwong TN，Chow TC，Luk AK，Dai RZ，Nakatsu G，Lam TY，Zhang L，Wu JC，Chan FK，Ng SS，Wong MC，Ng SC，Wu WK，Yu J，Sung JJ. Quantitation of faecal Fusobacterium improves faecal immunochemical test in detecting advanced colorectal neoplasia. Gut. 2017 Aug；66（8）：1441-1448.

89.Liang JQ，Li T，Nakatsu G，Chen YX，Yau TO，Chu E，Wong S，Szeto CH，Ng SC，Chan FKL，Fang JY，Sung JJY，Yu J. A novel faecal Lachnoclostridium marker for the non-invasive diagnosis of colorectal adenoma and cancer. Gut. 2020 Jul; 69 (7): 1248-1257.

90. Nakatsu G, Zhou H, Wu WKK, Wong SH, Coker OO, Dai Z, Li X, Szeto CH, Sugimura N, Yuen-Tung Lam T, Chi-Shing Yu A, Wang X, Chen Z, Chi-Sang Wong M, Ng SC, Chan MTV, Chan PKS, Leung Chan FK, Jao-Yiu Sung J, Yu J*. Alterations in Enteric Virome Associate With Colorectal Cancer and Survival Outcomes. Gastroenterology. 2018 Aug; 155 (2): 529-541.e5.

91. Coker OO, Nakatsu G, Dai RZ, Wu WKK, Wong SH, Ng SC, Chan FKL, Sung JJY, Yu J. Enteric fungal microbiota dysbiosis and ecological alterations in colorectal cancer. Gut. 2019 Apr; 68 (4): 654-662.

92. Coker OO, Kai Wu WK, Wong SH, Sung JJ, Yu J. Altered Gut Archaea Composition and Interaction with Bacteria are Associated with Colorectal Cancer. Gastroenterology. 2020 Oct; 159 (4): 1459-1470.e5.

93. Coker OO, Liu C, Wu WKK, Wong SH, Jia W, Sung JJY, Yu J. Altered gut metabolites and microbiota interactions are implicated in colorectal carcinogenesis

and can be non-invasive diagnostic biomarkers. Microbiome. 2022 Feb 21; 10 (1): 35.

94. Li Q, Hu W, Liu WX, Zhao LY, Huang D, Liu XD, Chan H, Zhang Y, Zeng JD, Coker OO, Kang W, Man Ng SS, Zhang L, Wong SH, Gin T, Vai Chan MT, Wu JL, Yu J, Wu WK. Streptococcus thermophilus inhibits colorectal tumorigenesis through secreting β-galactosidase. Gastroenterology. 2021 Mar; 160 (4): 1179-1193.e14.

95. Sugimura N, Li Q, Chu ESH, Lau HCH, Fong W, Liu W, Liang C, Nakatsu G, Su ACY, Coker OO, Wu WKK, Chan FKL, Yu J. Lactobacillus gallinarum modulates the gut microbiota and produces anti-cancer metabolites to protect against colorectal tumourigenesis. Gut. 2022 Dec 22; 71 (10): 2011-2021.

96. Wirbel J, Pyl PT, Kartal E, et al. Meta-analysis of fecal metagenomes reveals global microbial signatures that are specific for colorectal cancer, Nat Med. 2019, 25 (4): 679-689.

97. Thomas AM, Manghi P, Asnicar F, et al. Metagenomic

analysis of colorectal cancer datasets identifies cross-cohort microbial diagnostic signatures and a link with choline degradation. Nat Med, 2019, 25 (4): 667-678.

98. He Z, Gharaibeh RZ, Newsome RC, et al. Campylobacter jejuni promotes colorectal tumorigenesis through the action of cytolethal distending toxin. Gut, 2019, 68 (2): 289-300.

99. Wang T, Zheng J, Dong S, et al. Lacticaseibacillus rhamnosus LS8 ameliorates azoxymethane/dextran sulfate sodium-induced colitis-associated tumorigenesis in mice via regulating gut microbiota and inhibiting inflammation. Probiotics Antimicrob Proteins, 2022, 14 (5): 947-959.

100. Russo E, Bacci G, Chiellini C, et al. Preliminary comparison of oral and intestinal human microbiota in patients with colorectal cancer: A Pilot Study. Front Microbiol, 2018, 8: 2699.

101. Butt J, Jenab M, Willhauck-Fleckenstein M, et al. Prospective evaluation of antibody response to streptococcus gallolyticus and risk of colorectal cancer. Int J

Cancer, 2018, 143（2）: 245-252.

102.Meng D, Sommella E, Salviati E, et al. Indole-3-lactic acid, a metabolite of tryptophan, secreted by bifidobacterium longum subspecies infantis is anti-inflammatory in the immature intestine. Pediatr Res, 2020, 88（2）: 209-217.

103. Fan Q, Guan X, Hou Y, et al. Paeoniflorin modulates gut microbial production of indole-3-lactate and epithelial autophagy to alleviate colitis in mice. Phytomedicine, 2020, 79: 153345.

104. Chuah LO, Foo HL, Loh TC, et al. Postbiotic metabolites produced by lactobacillus plantarum strains exert selective cytotoxicity effects on cancer cells. BMC Complement Altern Med, 2019, 19（1）: 114.

105. Konishi H, Fujiya M, Tanaka H, et al. Probiotic-derived ferrichrome inhibits colon cancer progression via JNK-mediated apoptosis. Nat Commun, 2016, 7: 12365.

106.Zhang F, Luo W, Shi Y, et al. Should we standardize the 1700-year-old fecal microbiota transplantation?

Am J Gastroenterol, 2012, 107 (11): 1755; author reply p-6.

107. Zhang F, Cui B, He X, et al. Microbiota transplantation: concept, methodology and strategy for its modernization. Protein Cell, 2018, 9 (5): 462-473.

108. Surawicz CM, Brandt LJ, Binion DG, et al. Guidelines for diagnosis, treatment, and prevention of clostridium difficile infections. Am J Gastroenterol, 2013, 108 (4): 478-498; quiz 99.

109. Debast SB, Bauer MP, Kuijper EJ, et al. European society of clinical microbiology and infectious diseases: update of the treatment guidance document for clostridium difficile infection. Clin Microbiol Infect, 2014, 20 Suppl 2: 1-26.

110. Sokol H, Galperine T, Kapel N, et al. Faecal microbiota transplantation in recurrent clostridium difficile infection: recommendations from the french group of faecal microbiota transplantation. Dig Liver Dis, 2016, 48 (3): 242-247.

111. Konig J, Siebenhaar A, Hogenauer C, et al. Consen-

sus report: faecal microbiota transfer - clinical applications and procedures. Aliment Pharmacol Ther, 2017, 45（2）: 222-239.

112.Cammarota G, Ianiro G, Tilg H, et al. European consensus conference on faecal microbiota transplantation in clinical practice. Gut, 2017, 66（4）: 569-580.

113.Cammarota G, Ianiro G, Kelly CR, et al. International consensus conference on stool banking for faecal microbiota transplantation in clinical practice. Gut, 2019, 68（12）: 2111-2121.

114.Nicholson MR, Mitchell PD, Alexander E, et al. Efficacy of fecal microbiota transplantation for clostridium difficile infection in children. Clin Gastroenterol Hepatol, 2020, 18（3）: 612-619.e1.

115.Ng SC, Kamm MA, Yeoh YK, et al. Scientific frontiers in faecal microbiota transplantation: joint document of asia-pacific association of gastroenterology（APAGE）and asia-pacific society for digestive endoscopy（APSDE）. Gut, 2020, 69（1）: 83-91.

116.McDonald LC, Gerding DN, Johnson S, et al. Clinical practice guidelines for clostridium difficile infection in adults and children: 2017 update by the infectious diseases society of america (IDSA) and society for healthcare epidemiology of america (SHEA). Clin Infect Dis, 2018, 66 (7): 987-994.

117.Moayyedi P, Surette MG, Kim PT, et al. Fecal microbiota transplantation induces remission in patients with active ulcerative colitis in a randomized controlled trial. Gastroenterology, 2015, 149 (1): 102-109.e6.

118.Paramsothy S, Kamm MA, Kaakoush NO, et al. Multidonor intensive faecal microbiota transplantation for active ulcerative colitis: a randomised placebo-controlled trial. Lancet, 2017, 389 (10075): 1218-1228.

119.Costello SP, Hughes PA, Waters O, et al. Effect of fecal microbiota transplantation on 8-week remission in patients with ulcerative colitis: a randomized clinical trial. JAMA, 2019, 321 (2): 156-164.

120.Sood A, Singh A, Mahajan R, et al. Acceptability, tolerability, and safety of fecal microbiota transplantation in patients with active ulcerative colitis（AT&S Study）. J Gastroenterol Hepatol，2020，35（3）：418-424.

121. Ding X，Li Q，Li P，et al. Long-term safety and efficacy of fecal microbiota transplant in active ulcerative colitis. Drug Saf，2019，42（7）：869-880.

122. Nishida A，Imaeda H，Ohno M，et al. Efficacy and safety of single fecal microbiota transplantation for Japanese patients with mild to moderately active ulcerative colitis. J Gastroenterol，2017，52（4）：476-482.

123. Rossen NG，Fuentes S，van der Spek MJ，et al. Findings from a randomized controlled trial of fecal transplantation for patients with ulcerative colitis. Gastroenterology，2015，149（1）：110-118.e4.

124. Cui B，Feng Q，Wang H，et al. Fecal microbiota transplantation through mid-gut for refractory crohn's disease：safety，feasibility，and efficacy trial results. J Gastroenterol Hepatol，2015，30（1）：51-58.

125. Vaughn BP，Vatanen T，Allegretti JR，et al. Increased intestinal microbial diversity following fecal mi-

crobiota transplant for active crohn's disease. Inflamm Bowel Dis, 2016, 22（9）: 2182-2190.

126.Wang H, Cui B, Li Q, et al. The safety of fecal microbiota transplantation for crohn's disease: findings from a long-term study. Adv Ther, 2018, 35（11）: 1935-1944.

127.Bajaj JS, Kassam Z, Fagan A, et al. Fecal microbiota transplant from a rational stool donor improves hepatic encephalopathy: a randomized clinical trial, Hepatology. 2017, 66（6）: 1727-1738.

128.Bajaj JS, Salzman NH, Acharya C, et al. Fecal microbial transplant capsules are safe in hepatic encephalopathy: a phase 1, randomized, placebo-controlled trial. Hepatology, 2019, 70（5）: 1690-1703.

129.Ding X, Li Q, Li P, et al. Fecal microbiota transplantation: A promising treatment for radiation enteritis? Radiother Oncol, 2020, 143: 12-18.

130.Wang Y, Wiesnoski DH, Helmink BA, et al. Fecal microbiota transplantation for refractory immune checkpoint inhibitor-associated colitis. Nat Med, 2018, 24

（12）：1804-1808.

131.Ianiro G，Rossi E，Thomas AM，et al. Faecal microbiota transplantation for the treatment of diarrhoea induced by tyrosine-kinase inhibitors in patients with metastatic renal cell carcinoma. Nat Commun，2020，11（1）：4333.

132.Kakihana K，Fujioka Y，Suda W，et al. Fecal microbiota transplantation for patients with steroid-resistant acute graft-versus-host disease of the gut. Blood，2016，128（16）：2083-2088.

133.Qi X，Li X，Zhao Y，et al. Treating steroid refractory intestinal acute graft-vs.-host disease with fecal microbiota transplantation：a pilot study. Front Immunol，2018，9：2195.

134.Zeitz J，Bissig M，Barthel C，et al. Patients' views on fecal microbiota transplantation：an acceptable therapeutic option in inflammatory bowel disease? Eur J Gastroenterol Hepatol，2017，29（3）：322-330.

135.Ma Y，Yang J，Cui B，et al. How Chinese clinicians face ethical and social challenges in fecal microbiota transplantation: a questionnaire study. BMC Med Ethics, 2017, 18 (1): 39.

136.Park L, Mone A, Price JC, et al. Perceptions of fecal microbiota transplantation for clostridium difficile infection: factors that predict acceptance. Ann Gastroenterol, 2017, 30 (1): 83-88.

137. McSweeney B, Allegretti JR, Fischer M, et al. In search of stool donors: a multicenter study of prior knowledge, perceptions, motivators, and deterrents among potential donors for fecal microbiota transplantation. Gut Microbes, 2020, 11 (1): 51-62.

138.Wu X, Dai M, Buch H, et al. The recognition and attitudes of postgraduate medical students toward fecal microbiota transplantation: a questionnaire study. Therap Adv Gastroenterol, 2019, 12: 1756284819869144.

139. Cui B, Li P, Xu L, et al. Step-up fecal microbiota transplantation strategy: a pilot study for steroid-dependent ulcerative colitis. Journal of translational medicine, 2015, 13: 298.

140. Zhang T, Lu G, Zhao Z, et al. Washed microbiota transplantation vs. manual fecal microbiota transplantation: clinical findings, animal studies and in vitro screening. Protein Cell, 2020, 11 (4): 251-266.

141. Nanjing consensus on methodology of washed microbiota transplantation. Chin Med J (Engl), 2020, 133 (19): 2330-2332.

142. Lu G, Wang W, Li P, et al. Washed preparation of faecal microbiota changes the transplantation related safety, quantitative method and delivery. Microb Biotechnol, 2022, 15 (9): 2439-2449.

143. Wang Y, Zhang S, Borody TJ, et al. Encyclopedia of fecal microbiota transplantation: a review of effectiveness in the treatment of 85 diseases. Chin Med J (Engl), 2022, 135 (16): 1927-1939.

144. Jiang ZD, Ajami NJ, Petrosino JF, et al. Randomised clinical trial: faecal microbiota transplantation for recurrent clostridum difficile infection-fresh, or frozen, or lyophilised microbiota from a small pool of healthy donors delivered by colonoscopy. Aliment Pharmacol

Ther, 2017, 45（7）：899-908.

145.Jiang ZD, Alexander A, Ke S, et al. Stability and effi-
cacy of frozen and lyophilized fecal microbiota trans-
plant（FMT）product in a mouse model of clostridium
difficile infection（CDI）. Anaerobe, 2017, 48：
110-114.

146.Lee CH, Steiner T, Petrof EO, et al. Frozen vs fresh
fecal microbiota transplantation and clinical resolution
of diarrhea in patients with recurrent clostridium diffi-
cile infection：a randomized clinical trial. JAMA,
2016, 315（2）：142-149.

147.Papanicolas LE, Choo JM, Wang Y, et al. Bacterial
viability in faecal transplants：which bacteria survive?
EBioMedicine, 2019, 41：509-516.

148. Takahashi M, Ishikawa D, Sasaki T, et al. Faecal
freezing preservation period influences colonization abil-
ity for faecal microbiota transplantation. J Appl Microbi-
ol, 2019, 126（3）：973-984.

149.Jenkins SV, Vang KB, Gies A, et al. Sample storage
conditions induce post-collection biases in microbiome

profiles. BMC Microbiol, 2018, 18（1）: 227.

150.Gratton J, Phetcharaburanin J, Mullish BH, et al. Optimized sample handling strategy for metabolic profiling of human feces. Anal Chem, 2016, 88（9）: 4661-4668.

151.Burz SD, Abraham AL, Fonseca F, et al. A guide for ex vivo handling and storage of stool samples intended for fecal microbiota transplantation. Sci Rep, 2019, 9（1）: 8897.

152.Sleight SC, Wigginton NS, Lenski RE. Increased susceptibility to repeated freeze-thaw cycles in escherichia coli following long-term evolution in a benign environment. BMC Evol Biol, 2006, 6: 104.

153.Halkjaer SI, Christensen AH, Lo BZS, et al. Faecal microbiota transplantation alters gut microbiota in patients with irritable bowel syndrome: results from a randomised, double-blind placebo-controlled study. Gut, 2018, 67（12）: 2107-2115.

154.Aroniadis OC, Brandt LJ, Oneto C, et al. Faecal microbiota transplantation for diarrhoea-predominant irritable bowel syndrome: a double-blind, randomised, placebo-controlled trial. Lancet Gastroenterol Hepatol, 2019, 4 (9): 675-685.

155. Allegretti JR, Kassam Z, Mullish BH, et al. Effects of fecal microbiota transplantation with oral capsules in obese patients. Clin Gastroenterol Hepatol, 2020, 18 (4): 855-863.e2.

156. Elkrief A, El Raichani L, Richard C, et al. Antibiotics are associated with decreased progression-free survival of advanced melanoma patients treated with immune checkpoint inhibitors. Oncoimmunology, 2019, 8 (4): e1568812.

157. Routy B, Le Chatelier E, Derosa L, et al. Gut microbiome influences efficacy of PD-1-based immunotherapy against epithelial tumors. Science, 2018, 359 (6371): 91-97.

158. Viaud S, Daillère R, Boneca IG, et al. Harnessing the intestinal microbiome for optimal therapeutic immunomodulation. Cancer Res, 2014, 74 (16): 4217-4221.

159. Daillère R, Vétizou M, Waldschmitt N, et al. Enterococcus hirae and barnesiella intestinihominis facilitate cyclophosphamide-induced therapeutic immunomodulatory effects. Immunity, 2016, 45（4）: 931-943.

160. Baruch EN, Youngster I, Ben-Betzalel G, et al. Fecal microbiota transplant promotes response in immunotherapy-refractory melanoma patients. Science, 2021, 371（6529）: 602-609.

161. Davar D, Dzutsev AK, McCulloch JA, et al. Fecal microbiota transplant overcomes resistance to anti-PD-1 therapy in melanoma patients. Science, 2021, 371（6529）: 595-602.

162. Derosa L, Routy B, Fidelle M, et al. Gut bacteria composition drives primary resistance to cancer immunotherapy in renal cell carcinoma patients. Eur Urol, 2020, 78（2）: 195-206.

163. Jian YP, Yang G, Zhang LH, et al. Lactobacillus plantarum alleviates irradiation-induced intestinal injury by activation of FXR-FGF15 signaling in intestinal epithelia. J Cell Physiol, 2022, 237（3）: 1845-

1856.

164.Cui M, Xiao H, Li Y, et al. Faecal microbiota transplantation protects against radiation-induced toxicity. EMBO Mol Med, 2017, 9 (4): 448-461.

165.Cheng YW, Phelps E, Ganapini V, et al. Fecal microbiota transplantation for the treatment of recurrent and severe clostridium difficile infection in solid organ transplant recipients: A multicenter experience. Am J Transplant, 2019, 19 (2): 501-511.

166.Dai M, Liu Y, Chen W, et al. Rescue fecal microbiota transplantation for antibiotic-associated diarrhea in critically ill patients. Crit Care, 2019, 23 (1): 324.

167. Cammarota G, Masucci L, Ianiro G, et al. Randomised clinical trial: faecal microbiota transplantation by colonoscopy vs. vancomycin for the treatment of recurrent clostridium difficile infection. Aliment Pharmacol Ther, 2015, 41 (9): 835-843.

168.Strate LL, Gralnek IM. ACG clinical guideline: management of patients with acute lower gastrointestinal bleeding. Am J Gastroenterol, 2016, 111 (4): 459-

肠道微生态技术

参考文献

474.

169. DeFilipp Z, Bloom PP, Torres Soto M, et al. Drug-resistant E. coli bacteremia transmitted by fecal microbiota transplant. N Engl J Med, 2019, 381 (21): 2043-2050.

170. Baxter M, Ahmad T, Colville A, et al. Fatal aspiration pneumonia as a complication of fecal microbiota transplant. Clin Infect Dis, 2015, 61 (1): 136-137.

171. Goldenberg SD, Batra R, Beales I, et al. Comparison of different strategies for providing fecal microbiota transplantation to treat patients with recurrent clostridium difficile infection in two English hospitals: A Review, Infect Dis Ther. 2018, 7 (1): 71-86.

172. Kelly CR, Ihunnah C, Fischer M, et al. Fecal microbiota transplant for treatment of clostridium difficile infection in immunocompromised patients. Am J Gastroenterol, 2014, 109 (7): 1065-1071.

173. Long C, Yu Y, Cui B, et al. A novel quick transendoscopic enteral tubing in mid-gut: technique and training with video. BMC Gastroenterol, 2018, 18 (1):

37.

174.Cui B， Li P， Xu L， et al. Step-up fecal microbiota transplantation （FMT） strategy. Gut Microbes， 2016， 7 （4）：323-328.

175.Huang HL， Chen HT， Luo QL， et al. Relief of irritable bowel syndrome by fecal microbiota transplantation is associated with changes in diversity and composition of the gut microbiota. J Dig Dis， 2019， 20 （8）：401-408.

176.Wang JW， Wang YK， Zhang F， et al. Initial experience of fecal microbiota transplantation in gastrointestinal disease：A case series. Kaohsiung J Med Sci， 2019， 35 （9）：566-571.

177.Fischer M， Kao D， Mehta SR， et al. Predictors of early failure after fecal microbiota transplantation for the therapy of clostridium difficile infection：a multicenter study. Am J Gastroenterol， 2016， 111 （7）：1024-1031.